从望向星空，到飞向宇宙
为你的太空之旅做好准备

萧耐园（南京大学天文与空间科学学院教授、中国科学院紫金山天文台客座研究员）

打开这本书，色彩斑斓、琳琅缤纷的页面袭眼而来，粗看似觉光怪陆离，细瞅却很耐人寻味；但见湛蓝的背景上一颗颗星球、一朵朵星云、一个个星座把我们的视线引向深邃的宇宙深处。随着书页的翻动，不只是奇幻灵动的图画，更是引人入胜的叙述，催动我们的心灵向广袤的宇宙飞去。是的，本书的作者正在引领我们进行一次宇宙之旅。

本书的两位作者中，一位是天体物理学家，他了解天文学史，热心科普；一位是儿童文学作家兼画家，他了解小读者的心理。本书的插图作者亦充分研究过星体的形状、人物的特点和色彩的搭配。他们的合作可谓天衣无缝，本书插图和内容的配合堪称浑然天成。这本文佳图美的图书一下子就能抓住读者的兴趣。这可以说是本书的一大特色。

兴趣应该是学习知识的出发点和动力。笔者从事天文学习和工作六十余年，如今已年逾八旬，仍在天文知识的学习和科普工作上勉力前行，正是浩瀚宇宙中的无穷奥秘从童年时代起就深深地吸引着我，始终令我好奇并激发起我的兴趣。随着现代天文学的蓬勃发展，人类向宇宙深处的视野不断扩展，新发现和新理念的不断涌现，更使得尚未泯灭的兴趣伴我走完余生。如今，这本精美的图书仿佛把我拉回到了童年时代，去重新体验天文生涯，我愿与小读者们一起分享阅读本书的收获和快乐，结伴去做这次宇宙之旅。

本书在图文并茂的视觉盛宴中，还点缀着一“大”声“砰”（Big Bang，英文“大爆炸”的意思）的听觉震撼，这标志着宇宙在 138.2 亿年之前的大爆炸中诞生，随后不断地膨胀，也昭示我们的旅行将漫长而多彩。

随着正文的展开，作者提出了“在哪儿？有多大？有多远？什么时候？”等一系列问题，用来撩动小读者们的好奇心，激发他们的兴趣，促使他们寻求答案。接着作者就以晓畅明白的语言一一作了回答，并通过讲述趣味盎然的神话故事，把话题引导到人类

探索宇宙的历程上。

随着作者的娓娓讲解，我们从天文学史的早期逐步跨入到现代，将认识历史上各个时期中著名的天文学家，了解他们的科学思维和科学方法，分享他们的成果。譬如意大利科学家伽利略把别人只是用来观看风景的望远镜用于观察天空，从此就能使人类“在不离开地球的情况下，去探索这么广阔无垠的宇宙”（见正文第 20 页）。诚然，伽利略的望远镜还很原始，口径只有约 4 厘米，但他是开路先锋。人们沿着他开创的道路前进，取得了前所未有的成就。望远镜的技术不断发展，口径越来越大，看得越来越远，发现越来越多。书中提到的甚大望远镜（VLT）是由欧洲 8 个国家共同经营的欧洲南方天文台在智利北部帕拉纳尔山建造的 4 台大型望远镜，每台口径 8.2 米。这 4 台望远镜在 1999—2000 年先后落成，它们以每台之间 50 米的间距一字排开；而目前世界上最大的光学望远镜是坐落在美国夏威夷的凯克望远镜，口径达 10 米。不仅如此，人们还制造了可见光波段以外的射电望远镜，于是发现了类星体、脉冲星等前所未见的“新型”天体，也探测到宇宙微波背景辐射，证实了关于宇宙起源的大爆炸学说。射电望远镜可以接收到穿透宇宙空间浓密尘埃的辐射，探测到光学望远镜看不到的天体；而许多台相距千万里的射电望远镜组合成的射电干涉仪则能看清极其遥远的天体。包括中国在内的多国天文学家团队使用射电干涉仪，通过超强计算机的处理，拍摄到了 M87 星系中心和银河系中心的超大质量黑洞的照片。这些正是穿越了距离，穿透了尘埃获得的硕果。说到这里，问小读者们一个问题：当前世界上最大的射电望远镜是哪一台？相信你们会抢着回答：中国的“天眼”。对啦！它的口径达到 500 米，妥妥地坐落在我国贵州省平塘县喀斯特地貌地区的一个山坳里。

20 世纪 50 年代，人们终于离开地球去探测宇宙。人们向宇宙空间发射空间望远镜，能在红外波段、紫外波段、X 射线波段和伽马射线波段进行全波段观测。于是，一幅全新的太空图景展现在了人类面前，X 射线喷流、伽马射线暴等“新型”天象又为人们打开了揭示宇宙奥秘的新窗口。开普勒空间望远镜探测到了 2662 颗太阳系外行星，韦布空间望远镜拍摄到了 134 亿光年外的深空星系。瞧，这些都将是我们在宇宙旅行中有机会邂逅的天体，也展现了宇宙之旅尽头的灿烂景象。还有在太阳系空间穿梭的宇宙飞船，探测了月球、行星、太阳以及矮行星、小行星、彗星等小天体。

我国正在空间探测上迈向世界的前列。我国已经成功地发射了嫦娥系列的 6 个探测器，实现了月球车在月面漫游和从月面采集样品返回。其中，嫦娥四号着陆在月球背面，它的中继卫星“鹊桥”位于地月系拉格朗日 L2 点，更是人类探月史上的创举。我国的天问一号火星探测器也已顺利到位，它的探测成果将大大丰富人们对这颗红色星球的了解。正在笔者撰写本文之际，读到新华社报道：我国载人登月任务目前全面进入了初样研制阶段。请看，中国宇航员不久将登上月球，真正实现中国人几千年来“嫦娥奔月”这个美丽神话所承载的梦想。

一百四十多页绚丽奇幻的图画和简明通俗的讲解，构成了这趟心灵上的宇宙之旅。在这期间，宇宙空间的各种天体和天象目不暇接，历史上众多的天文学家闪亮登场，相信小读者们收获满满。在即将结束这趟奇异的旅程之际，让我们记住作者临别的告诫：“重要的是始终保持好奇心。……还有很多问题等着我们去追寻。”

亲爱的小朋友，你是否想过自己穿上宇航服，去实现真正的宇宙之旅？等你长大以后，我们要飞往的目的地将不再是月球，而是火星。笔者曾经一路见证人类飞向太空的历程，希望第一个登上火星的将是中国人，而这个人就是你，你有这个梦想吗？火星有许多奥秘等待着你去探索！整个宇宙更有多得多的奥秘等待着你们去探索！小朋友们，快做好准备吧！

笔者要借此机会向本书的三位作者、两位译者和译林出版社的编辑们致以热烈谢忱和崇高敬意。笔者有幸参与了本书译稿的审校工作，能在本书中译本的出版上略尽绵力，我也深感荣幸。

作　者

阿梅迪奥 · 巴尔比

他是一名天体物理学家，任教于罗马大学托尔维加塔分校。他为了寻找从小就一直在问的问题的答案而研究宇宙，比如“这一切是怎么开始的？”“其他星球上有生命吗？”。

通过研究，他为揭示宇宙的形状，以及其中所包含的物质与能量的总量做出了贡献。

除了了解宇宙是如何运行的，他还喜欢讲述科学家们的研究成果以及他们的发现过程。为此，他不仅在《科学》月刊上有一个固定的专栏，经常在广播和电视节目中担任嘉宾，还写了几本书，甚至还有一本漫画书（也是关于宇宙的）。

2015 年，他获得了意大利国家科学传播奖，2021 年获得了阿西莫夫奖。

安德烈亚 · 瓦伦特

安德烈亚生长于意大利奥特波－帕维斯的山丘上，他在那里画绵羊——大部分是黑色的绵羊，并写怪诞的故事。有时，为了有所不同，他会画一些怪诞的画，再写一些关于绵羊的故事——大部分也是关于黑色的绵羊，但当你仔细想想就知道，这其实也没有太大区别……

他收集咖啡壶（他说这么做是为了保持清醒）和米老鼠领带，但其实他只用一把咖啡壶，而且从不系领带。当他请人吃饭时，他会用他漂亮的镀锡平底铜锅做自己发明的意大利饭。

他的第一幅成名画作是一位哲学教授的讽刺漫画（这位不幸的人为了摆脱他，立即提拔了他），而他那本讲述发明开心果冰淇淋的冒险经历的小说即将载入史册，只不过他还没有开始写。

他最喜欢说“谁知道呢？”。虽然不知道究竟是为什么，但他也很喜欢闪电。

安德烈亚很乐意和孩子们见面聊聊绵羊——大多数是黑色的——以及其他任何事情，但至少得有那么一点怪诞。你可以写信给他，或者在他的个人网站上查看他所做的一切。

2011 年，他被授予意大利安徒生奖最佳作者奖。

绘　者

苏茜 · 扎内拉

1978 年，她出生于意大利费拉拉，从很小的时候就开始画画。她会反着画人物的脸，然后把纸转过来看。她非常喜欢画画，曾创作了一些有着漫画和小测验的小报纸送给朋友们。

她先就读于费拉拉艺术学院，然后去了博洛尼亚美术学院。现在她整天画画，为每一个项目和每一部作品进行大量的前期准备：充分研究颜色、形状和人物。她最喜欢绘制动物。

她认为当插画师是一份很棒的工作，因为每开始一个项目时，无论它是什么，都跟要去月球一样。

[意大利] 阿梅迪奥·巴尔比 安德烈亚·瓦伦特 著
[意大利] 苏茜·扎内拉 绘
黄鑫 万晟彤 译

飞向宇宙

给孩子的太空漫游指南

译林出版社

图书在版编目（CIP）数据

飞向宇宙 ： 给孩子的太空漫游指南 / （意）阿梅迪奥·巴尔比，（意）安德烈亚·瓦伦特著 ；（意）苏茜·扎内拉绘 ； 黄鑫，万晟彤译. -- 南京 ： 译林出版社，2025. 4. -- ISBN 978-7-5753-0322-4

Ⅰ. P159-49

中国国家版本馆 CIP 数据核字第 2024AV5013 号

Original title: Lassù nell'universo
Texts by Amedeo Balbi and Andrea Valente
The texts by Andrea Valente are published in agreement with Caminito S.a.s. Agenzia Letteraria
Illustrations by Susy Zanella
Graphic design by Studio Link

www.editorialescienza.it
www.giunti.it
Published by arrangement with Niu Niu Culture

著作权合同登记号　图字：10-2021-631 号

飞向宇宙：给孩子的太空漫游指南　[意大利] 阿梅迪奥·巴尔比　安德烈亚·瓦伦特 / 著
[意大利] 苏茜·扎内拉 / 绘　黄鑫　万晟彤 / 译　萧耐园 / 审校

策划编辑　朱旭玲
责任编辑　王　维
装帧设计　胡　苨
校　　对　梅　娟
责任印制　单　莉

原文出版　Editoriale Scienza S.r.l., 2021
出版发行　译林出版社
地　　址　南京市湖南路 1 号 A 楼
邮　　箱　yilin@yilin.com
网　　址　www.yilin.com
市场热线　025-86633278
排　　版　南京新华丰制版有限公司
印　　刷　合肥精艺印刷有限公司
开　　本　889 毫米 × 1194 毫米　1/16
印　　张　9.25
版　　次　2025 年 4 月第 1 版
印　　次　2025 年 4 月第 1 次印刷
书　　号　ISBN 978-7-5753-0322-4
定　　价　79.00 元

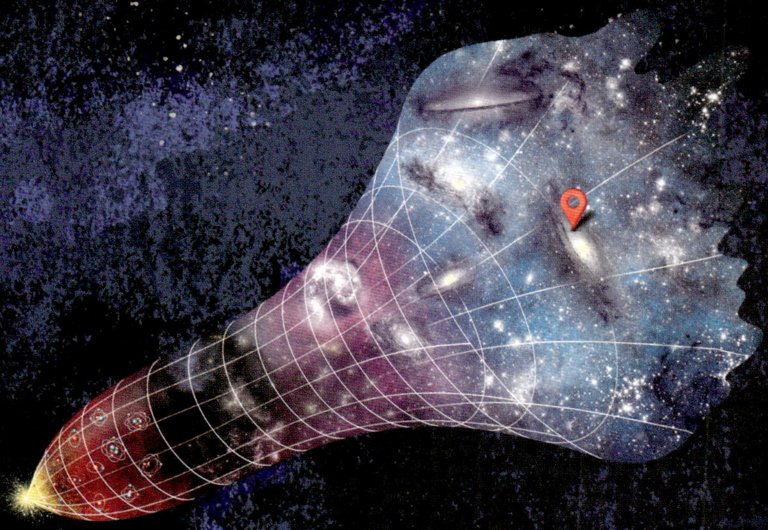

我们每个人都可以改变世界，
因为我们与恒星的构成物质相同，我们与宇宙相连。
——维拉·鲁宾

目 录

世界上第一颗人造地球卫星“斯普特尼克号”（Sputnik）于1957年10月4日晚发射升空。它由苏联科学家研制，俄语词Sputnik是“**旅行伴侣**”的意思。在乘火车、飞机或电车时，坐在你旁边的就是你的旅行伴侣，你同样也是他们的旅行伴侣。

前　言

这本书是一次旅行。每一本书都是一次旅行，这本也不例外；就像每一次旅行都是一本书，每一次散步都是一个故事一样。要想开启一段旅程，你得有一个要去的地方，并计算去那儿所需的时间：事实上，这本书是一次穿越时空的神奇旅行，你会相信吗？

然后，你需要一个认识路的人和一个旅伴：这里有天体物理学家阿梅迪奥和我们在一起，他了解很多关于时间和空间的事情，并且非常乐于分享；还有他的作家朋友安德烈亚，他一路充满惊奇的发现，也会给你很多惊喜。多棒啊！

不过，要想旅途顺利，得要先收拾好行李：衬衫、T恤衫、内裤、袜子、裤子、鞋子、拖鞋、帽子、外套、一本书、卡米拉阿姨（把卡米拉阿姨放在手提箱里？！）、一个三明治、一只猫、一把扶手椅……都装进去。对了，还有一个足球、一架三角钢琴、一台显微镜、一副望远镜、一支红铅笔和一支蓝铅笔；一个电灯泡、一个苹果、一个咖啡壶、一块三角龙的骨头……然后是一束花、一辆自行车、一副太阳镜、一个枕头、一艘帆船、一条金鱼和一瓶越橘汁。

所有这些都要装进行李箱？对！都装进行李箱。你要按、压、挤，甚至坐在上面，直到行李箱再也受不了了，然后……

轰隆！什么东西噼啪一声溅出来了，哗啦地撞到一起了，咕嘟一下被吸进去了，哎哟一下又吐出来了，砰的一下……更确切地说，大爆炸啦！

我们在这里

你见过那种用一个小红点表示“**你在这里**”的地图吗？既然我们要去探索宇宙，那么第一件重要的事就是先了解我们当下是在哪儿，让我们也试着画一个小红点，或者更准确地说是两个：一个空间上的，一个时间上的。

在哪儿？

我们在一个叫作**地球**的行星上，这一点你肯定已经知道了。地球有一颗围绕它旋转的卫星：**月球**。地球、另外七颗行星（水星、金星、火星、木星、土星、天王星和海王星）和许多小天体绕着一颗恒星运行，这颗恒星就是**太阳**。太阳在由一大群恒星构成的**银河系**中，银河系是一个包含数千亿颗恒星的星系。如果每颗恒星都有自己的行星系统，那么在我们的地球之外还有无数世界。

多亏了技术的飞速进步，我们今天知道银河系的**其他恒星肯定也有围绕它们运行的行星**：我们已在近几年的观测中确定了数千颗。也许并不是所有的恒星都像太阳一样有八颗行星，但通过统计，我们可以得出结论：几乎所有恒星都至少拥有一颗行星。

银河系只是宇宙中**众多星系**之一，用“众多”这个词还不够，因为宇宙中有数千亿个星系，每个星系都包含数千亿颗恒星。这意味着宇宙中恒星的数量会很惊人：如果你打算把它计算出来，那么这个数字将会比地球上所有海滩上的所有沙粒加在一起的数量还要大！

因此，我们的地球只是宇宙中存在的**无数颗行星之一**，而并非像古人认为的那样——地球是宇宙的中心。

事实上，宇宙根本没有中心！但地球对我们来说很重要，因为它是**我们的家园**，也是我们去探索一切的出发地。

小测验

离银河系最近的星系是哪个？

a. 三角星系

b. 大犬座矮星系

c. 黑眼星系

比邻星

有多大？有多远？

如果你把地球想象成篮球那么大，那么月球就差不多是网球那么大，并且它们之间的距离大约是 7 米。你瞧，月球还是离地球最近的天体呢！

照此类推，太阳将是一个直径为 26 米的球体，**差不多有 9 层楼高**，而且离那个篮球大约 3 千米远。

要是我们用篮球代表太阳，那么地球将是一颗直径只有 2 毫米的**小珠子**，而且我们必须把它放在离篮球 25 米远的地方。即便是太阳系中最大的行星——木星，也会像个直径只有 2 厘米的玻璃弹球一样大，我们还得把它放在离篮球大约 100 米远的地方。而离太阳最近的恒星——半人马座比邻星，将在 **7000 千米**之外。7000 千米呢！现在你知道银河系和宇宙中的其他恒星会有多遥远了吧……

什么时候？

几千年来，人类并不清楚宇宙到底有多古老。在古代，有人认为它一直存在，但也有人认为它是在过去某个时刻出现的，也许只有**几千年**。

意大利语中的 cosmo 这个词来自希腊语 kósmos，是“秩序”的意思，就好像是说有人将万物之初的混沌整理了一番。而意大利语 cosmica 这个词指的是关于宇宙的一切，这本书也一样！表示宇宙诞生的意大利语词 cosmogonia 也同样来自古希腊，是 kósmos 和 gonia（生成）的结合。研究宇宙的结构和演化的**宇宙学**一词（意大利语词 cosmologia），把 kósmos 和 lógos（话题）结合在了一起。

哲学家、米利都人留基伯是最早的宇宙学家之一，谁知道他在度过了多少个研究星空的夜晚之后，才写下了《**伟大的世界体系**》，于是有了伟大的宇宙研究。他在书中写道：**任何事都不是偶然发生的**。这是一个相当科学的句子，尽管他可能并不知道……

而实际上，宇宙的秩序在那时远没有那么科学，而是充满了神话、神明和传说，但无论怎样，住在奥林匹斯山上的伟大宙斯仍然是令人着迷且非常有趣的。

火星上也有一座奥林匹斯山，它是火星的最高峰，所以说这个名字可不是随便选的。地球陆地上同名的奥林匹斯山海拔不到3000米，而它则高达25 000米！

对于古希腊人来说，先有一位名为卡俄斯的神，接下来是命运之神、掌管深渊的塔尔塔罗斯、暗夜神、代表不和的女神与代表和谐的女神；后来又有了爱神、白昼之神、天空之神乌拉诺斯、大地女神盖亚，从盖亚的名字衍生出了**地理学、地质学、几何学**等等词汇……还有一位时间之神，名为柯罗诺斯。

今天，太阳系有 7 颗行星都是以神话中诸神的名字命名的：木星（Jupiter，众神之王朱庇特）、水星（Mercury，商业神墨丘利）、金星（Venus，美之女神维纳斯）、火星（Mars，战神玛尔斯）、土星（Saturn，播种之神萨图尔努斯）、海王星（Neptune，海神尼普顿），还有天王星（Uranus，天神乌拉诺斯）。

小测验

有一位古希腊哲学家、数学家发现昏星和晨星实际上是同一颗行星——金星，它并不是一颗恒星。你知道他是谁吗？

a. 毕达哥拉斯

b. 阿基米德

c. 德谟克利特

向西跨过大西洋，生活在今天拉丁美洲区域里的**玛雅人**认为宇宙分为三个区域：拥有群星的天界、冥界众神的王国，以及它们之间有人类与动植物生存的凡世。神在天地间四个角落支撑着天空，日日夜夜，太阳和月亮在天空彼此追逐。

在世界另一端的**日本**，神话中高天之上的众神透过云层注意到了下界的混乱。于是其中两位——伊弉诺尊和他的妹妹伊弉冉尊手持神矛从天而降，他们在泥浆和水中搅动，创造了日本的第一个岛屿以及其他的一切。

对于居住在**寒冷北欧的先民**而言，最初只有金伦加鸿沟，那是一片黑暗且无形的虚空与深渊。那周围什么都没有：没有天空，没有大地，也没有海洋或者其他任何东西。金伦加鸿沟的中心是 11 条河流的源头，这些奔流四方的河流带来了生命。

非洲**马里的多贡部落**住在尼日尔河沿岸。20 世纪来到这里的人类学家发现多贡人精通天文学，水平堪比欧洲科学家：他们已猜测出天狼星实际上是两颗彼此靠近的恒星；他们知道土星环，甚至木星的卫星。有人提出，多贡人曾与外星人有过全面接触，但更可信的解释是探险家们时常从那里路过，例如 19 世纪末去那里观看日食的探险家们。你知道的，人们在一起吃吃喝喝时总会聊天的嘛……

那么究竟是什么时候呢？

今天我们知道，我们能观测到的宇宙是在百亿年前开始演化的：准确地说是在 138 亿年前。如此悠远的时光，就像遥远的地方一样，是很容易让人迷失的。试想整个宇宙的历史都写在**一本 1380 页的大部头中**，那么，每一页都得讲述一千万年的历史。好啦，如果你家里有一本这么厚的书，那就快去拿来。或者你可以多拿几本书摞成一本 1380 页的大部头。

从这本大部头的开篇就能知道，那时的宇宙中没有任何我们今天所见到的东西，只有以基本粒子形态存在的极热物质散布在整个空间之中。最简单的物质形态——**第一批氢原子**在第一页的第一行和第二行之间形成。要想见到最早出现的恒星，你得翻到第 10 页，而第一批星系的形成是在第 50 页前后。而我们的星系——银河系——的形成则是远在 380 页之后了，这意味着距初始阶段已经过去差不多 40 亿年了……太阳形成得更晚，大约在这本书的倒数 460 页，也就是 46 亿年前。这之后几页有了地球，也就是在大约 45 亿年前。

在差不多还剩 350 页的时候，**地球上出现了生命**。不过，你不要以为指的是人类，也不是恐龙：最初的生命只是由单个细胞构成的非常简单的有机体。当只剩下最后 50 页时，动物和植物才遍布整个地球。到了剩 6 页半的时候，恐龙就灭绝了。**到了这本书的最后一行，我们人类才出现**。甚至可以说，我们的文明史可以安然自在地写在最后一个字！

宇宙的历史相当悠长，我们只是其中很小的一部分。

小测验

哪个词的意思是指在时间的线性流逝中各个事件连续不断地发生？

a. 时间的直线性（Tempolinearità）

b. 千年重复性（Millennialità）

c. 年代学（Cronologia）

宇宙大爆炸之后

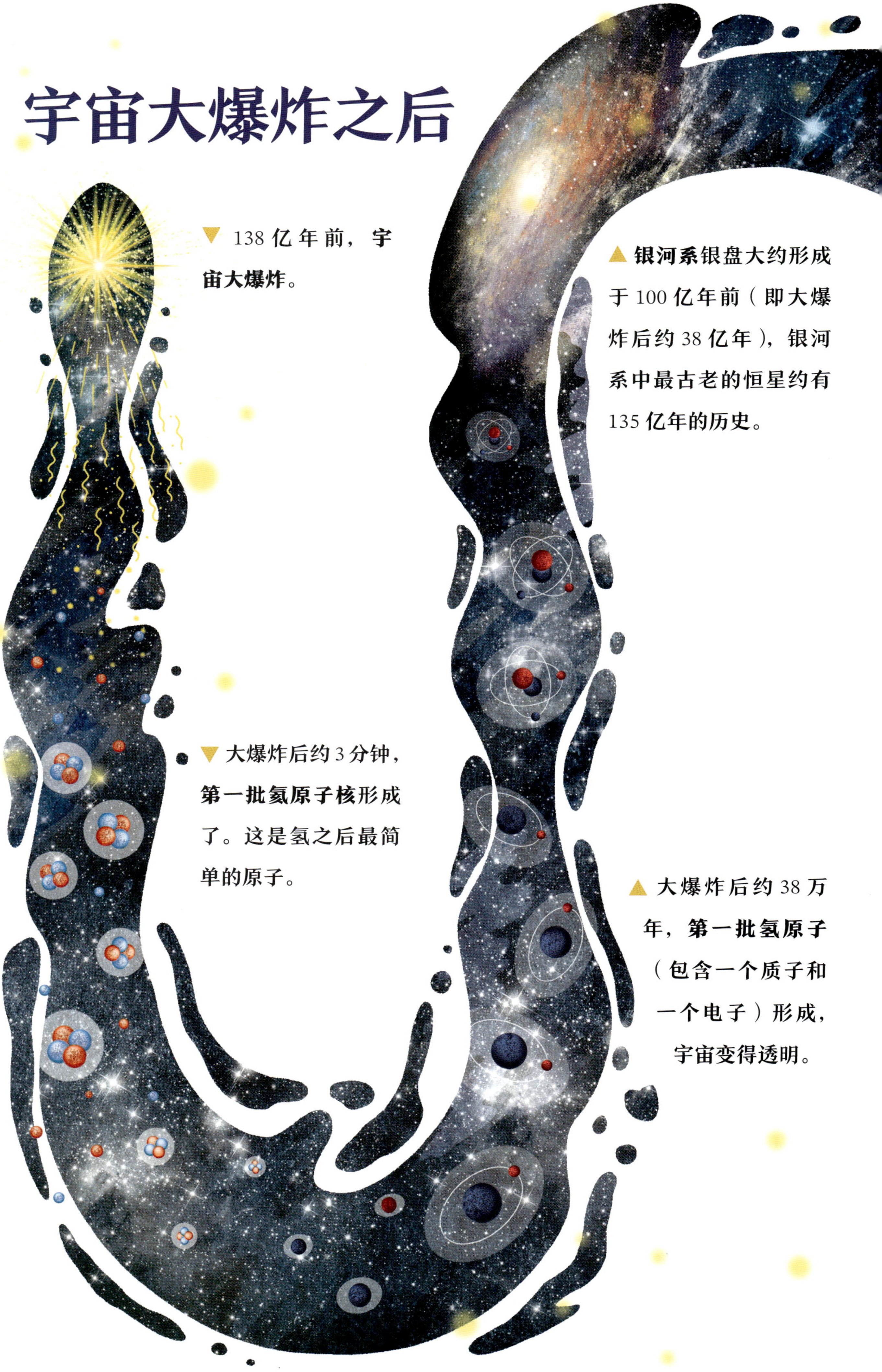

▼ 138 亿年前，**宇宙大爆炸**。

▲ **银河系**银盘大约形成于 100 亿年前（即大爆炸后约 38 亿年），银河系中最古老的恒星约有 135 亿年的历史。

▼ 大爆炸后约 3 分钟，**第一批氦原子核**形成了。这是氢之后最简单的原子。

▲ 大爆炸后约 38 万年，**第一批氢原子**（包含一个质子和一个电子）形成，宇宙变得透明。

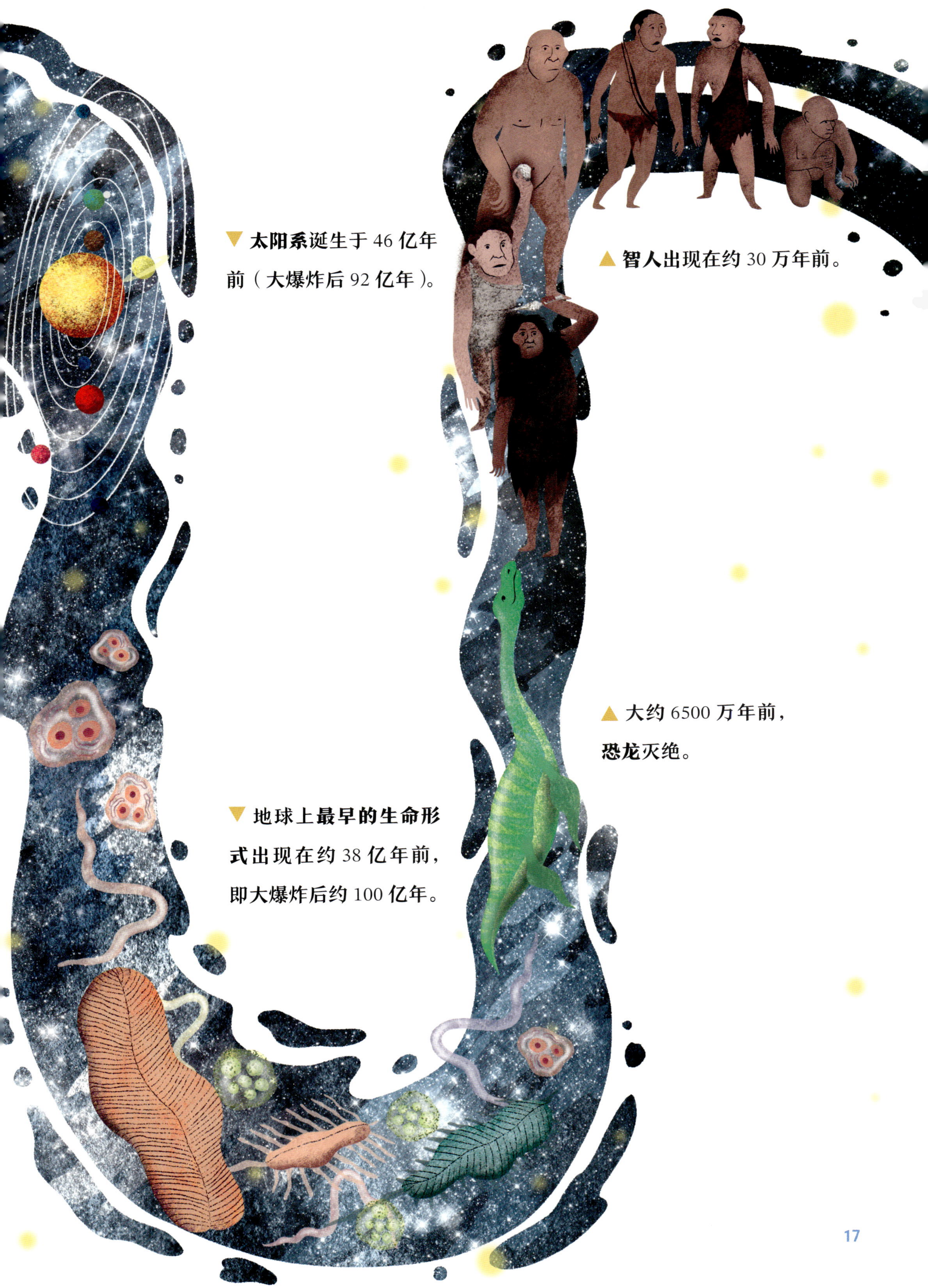

▼ **太阳系**诞生于 46 亿年前（大爆炸后 92 亿年）。

▲ **智人**出现在约 30 万年前。

▲ 大约 6500 万年前，**恐龙灭绝**。

▼ **地球上最早的生命形式**出现在约 38 亿年前，即大爆炸后约 100 亿年。

到如今

▼ 5000 多年前的**美索不达米亚人**。

▲ 1666 年，似乎是因为一颗苹果砸在了科学家艾萨克·牛顿的头上，让他开始思考**万有引力定律**。

▼ 大概在公元 150 年，克罗狄斯·托勒密撰写了《天文学大成》，阐释了以地球为中心的**地心说**。

▲ 1543 年，波兰天文学家尼古拉·哥白尼在他去世前不久，发表了以太阳为中心、地球围绕太阳转的**日心说**。

▼ 1905 年，阿尔伯特·爱因斯坦发表了狭义**相对论**，1915 年发表了广义**相对论**。

▲ 1992 年，发现了围绕室女座脉冲星 PSR B1257+12 运行的**第一颗太阳系外行星**。1995 年，发现了太阳系外首个围绕一颗真正的恒星——飞马座 51 运行的行星。

▲ 1948 年，**大爆炸宇宙论**诞生了。

▼ 1929 年，美国人埃德温·哈勃论证了**宇宙膨胀**。

怎么做呢？

可是，我们要怎样才能在不离开地球的情况下，去探索这么广阔无垠的宇宙呢？我们要如何才能了解在如此悠长的历史中到底发生了什么？当然啦，是的：用**望远镜**！

我们所知道的关于宇宙的一切都要感谢来自远方的光。通过望远镜，我们足不出户就可以将视线投向地球之外。通过建造更大、更强的望远镜，我们就能看得更远。

今天，通过设置在地球**大气层之外**的望远镜，我们看到了几十年前无法想象的事物，这有点儿像打开了一扇只能透过光线但无法向外看的磨砂玻璃窗。

小测验

在以下这几位著名科学家中，有哪位从未使用过望远镜？

a. 艾萨克 · 牛顿

b. 约翰内斯 · 开普勒

c. 尼古拉 · 哥白尼

生活在 16—17 世纪之交的荷兰眼镜商**汉斯·利珀西**通常能看得很远，但即使这样，他仍常常皱起眉头，因为他还想看得更远。有可能吗？关于他，人们常说的是，有一天，他把一块透镜放在镜筒的一端，另一块透镜放在另一端，他这么一看，于是就发明了望远镜。那天晚上，他很可能是笑着回家的。

事实上，关于到底是谁发明了望远镜的信息并不明确。有人追溯到亚述人，也有可能是利珀西设法把那些技术先进的东西组合在了一起。实际上，光有一个好主意可不行：你还得让它能实现功能。

望远镜（意大利语中的 telescopio）这个词不是来自荷兰语（不过，与荷兰语中的这个词 telescoop 相似），而是来自希腊语，它是“遥远（téle）”与动词“观察（skopèin）”的组合。确实，用一台好望远镜你可以看得很远。

显微镜（意大利语中的 microscope）这个词则是由“观察”和“小的（mikròs）”组合而成的。

伽利略·伽利莱并没纠结要不要感谢亚述人，而是立即充分利用了利珀西的发明。为了观察月球，1609 年 11 月 30 日，他将望远镜指向天空，从此开启了现代天文研究。伽利略也是第一个看到木星四大卫星的人，谁也不知道他在长期观测中度过了多少个不眠之夜。

借助望远镜，伽利略进一步观察了**月海**，发现了肉眼看不见的环形山、山脉和山谷。月球并不像人们一直认为的那样是个完美而纯净的球体，实际上，它的表面崎岖不平。新月之夜，它也并没消失，而是被既不是来自太阳，也不是来自其他恒星的非常微弱的光照着。那其实是**地球**反射的太阳光，被伽利略称为“银灰色的光”。

伽利略注意到，行星是圆形的，而恒星则闪烁着璀璨的光辉。

他发现，在晴朗的夜晚，天上的繁星数不胜数，比单凭肉眼能看到的要多得多。**宇宙比我们想象的要大得多**。在绘制猎户座（一个清晰可见的星座）星图的时候，他又加上了 500 多颗恒星；在观测昴星团的七星时，他又多算上了 36 颗。

1610 年初，伽利略将望远镜对准木星，发现了**四颗美丽的卫星**，**并称之为美第奇**，以纪念佛罗伦萨领主科西莫二世·德·美第奇。这四颗卫星被称为木卫一、木卫二、木卫三和木卫四。今天，我们知道的木星的卫星已有几十颗之多，但都是从这四颗开始的。

伽利略注意到**金星的相位与月球的相位相似**，这表明金星绕太阳运行。这是重要的一步，让人们去理解哥白尼的观点是正确的，即所有行星，包括地球，都围绕太阳运行。

丹麦天文学家**第谷·布拉赫**试图在托勒密体系和哥白尼体系之间找到一条折中之路。根据他的模型，地球在宇宙的中心，而月球和太阳绕着地球转，其他所有行星则围绕着太阳转。

距 离

对于天体物理学家来说，测量天体间的距离是非常困难的事。再说了，我们也不可能拿把尺子一直伸到星星上啊！那我们该怎么做呢？

这有什么，那就从远处观测嘛！最古老的方法就被称为视差法……

小测验

在智利的安第斯山脉之中，坐落着当今世界上非常重要的望远镜，它被称为 VLT，这个缩写的意思是……

a. 甚大望远镜（Very Large Telescope）

b. 我看到远处的一切（Vedo Lontano Tutto）

c. 地球纵向视觉（Visione Longitudinale Terrestre）

只需要知道如何**绘制等腰三角形**就足以理解**视差法**。这就是我们的大脑（它可什么都没对我们说）在计算与周围物体的距离时所用的方法。

这是什么意思呢？你可能已经注意到，闭上一只眼睛就很难判断物体究竟离我们有多远。双眼观察时，情况就会好很多。这就是说：有一条从一只眼睛到另一只眼睛的假想线，大约 8 厘米，对吧？这就是三角形的底边。观察对象就是顶点，距离越近，角就越大，当移远些时，角就会变小。大脑非常敏感，它会**计算角的变化**，由此测量三角形的高度，也就是眼睛与物体之间的距离。

我们对恒星采用同样的方法（但距离大得多得多）。大脑能在瞬间完成任务，**而与恒星一起完成任务则需要整整 6 个月**……在元旦这天，地球与太阳的距离保持在约 1.5 亿千米。6 个月后，也就是 6 月 30 日这天，虽然距离仍是一样的，但地球已经完成了其年度旅行的一半，已经到了太阳的另一边。也就是说：地球在 1 月 1 日和 6 月 30 日的位置就像我们的双眼，这样来讲，三角形的底边就约有 3 亿千米长。在这两个日期观测一颗恒星，**它在天空中的位置会发生轻微变化**（但实际上是我们移动了），因此通过追踪三角形的另外两边，我们可以计算出角的大小，从而得出距离。很简单，是不是？

1838 年，德国天文学家弗里德里希·威廉·贝塞尔首次成功利用视差法计算出天鹅 61 与地球间约距离。三年后，注意到一些反常位移的贝塞尔又猜测出天狼星实际上是由两颗相互吸引的恒星组成的。

五颜六色的恒星

还有另一种基于**亮度**的方法可以用来测量更远的距离。

想象一下，你有两个功率相同的灯泡，比如它们都是 100 瓦。如果你把一个灯泡放在另一个灯泡两倍远的位置上，那么它的光线看上去就只有放在近处的这个灯泡的亮度的四分之一。如果你把它推到三倍远，那么它的光线会只有原来的九分之一，以此类推。这是因为视亮度随**距离的平方**而降低。于是，如果我们知道恒星的初始亮度是多少，并且测量有多少光照射到了我们身上，我们就可以推断出它有多远。

我们怎样才能知道恒星的光度，也就是它能发出多少光呢？恒星又不会像灯泡一样上面有标签啊！幸运的是，我们知道**所有确定颜色的恒星都有大致相同的光度**。因此，如果我们知道一颗恒星的颜色，我们就可以通过视差法测量它的距离，然后我们就会知道它的光度，那么就可以用它来测量这种颜色的所有恒星的距离。

既然我们已经走到这一步了，那我们还可以顺便通过颜色来**计算温度**。

小测验

彩虹有七种颜色，但实际上还有很多不可见光，必须依靠技术才能探测到。以下哪种不属于不可见光？

a. 红外线

b. 超级色彩

c. 紫外线

如何计算恒星的温度?

你点燃一支蜡烛，仔细观察它的火焰，就会发现火焰的底部通常是蓝色，往上是白色，再往上是黄色，最后几乎是橙色，直到消失。不过，千万不要把手指放在上面，因为你会被烧伤的！那么你就会记住火焰的蓝色部分比白色部分更热，而白色部分比黄色部分更热。

严格地说，火焰的颜色也取决于燃料的类型，比如是燃气、木材还是其他什么……

那么，你是什么星星呀？

哔的一声就可以测量体温的现代温度计是依据计算恒星温度的技术发展出来的。因此：

如果你是 0°C，那么你就是一根冰棒。

如果你是 36°C，那么你一切正常。

如果你是 37°C 多一点，那么你可以考虑先别去上学了。

如果你是 38°C 或 39°C，那么你发热了。

如果你是 40°C，那么你发高烧了！

如果你是 100°C，那么你就能煮意大利面了。

如果你是 4000°C 或更高，那么你就是一颗恒星。或者是一颗“超巨星”！

对恒星来说也是同样的道理，事实上，恒星并不都是一样的，它们有深蓝色的、天蓝色的、白色的、黄色的、橙色的和红色的，甚至还有折中的，比如白蓝色的和黄白色的。从颜色我们就可以知道它们的**表面温度**，蓝色的恒星表面温度超过 30 000 开尔文（以绝对零度为计算起点的温度单位），红色的恒星表面温度低于 4000 开尔文。其他的恒星表面温度都在这两者之间。

我们的太阳是一颗黄矮星，它的表面温度略低于 6000 开尔文。

还有一些周期性脉动的变星，比如造父变星，它们的脉动周期与光度相关。

利用造父变星测量距离是天文学史上的一个重大发现。这一切都要感谢亨丽埃塔·李维特，一位天文学家，她是美国哈佛天文台女性计算小组的一员。亨丽埃塔和她的同事们的任务是通过分析数千张天文照片研究天体的运动、位置和亮度。1908 年，在一次漫长而细致的分析中，她意识到造父变星有规律的脉动与其亮度直接相关：越亮则脉动越慢。因此，它可以被用作标准烛光！多亏了亨丽埃塔·李维特的发现，才得以对宇宙进行真正的测量。她理应获得诺贝尔奖，但不幸的是，在她去世几年后，才有人想起来要提名她。

或者也可以利用我们已经知道如何计算光度的某些类型的超新星爆发来测量距离。超新星非常明亮，因此可以从很远的地方，甚至从其他星系看到它们。

设想还是一样的：如果有一个已知光度的天体，我们通过观察它的亮度，就能知道它有多远。在天文学中，这样的天体被称为**标准烛光**，尽管它根本不是蜡烛，也没有任何标准。

小测验

人们称其为英仙流星群（意大利语为 perseidi），它还与造父变星（意大利语为 cefeidi）押韵。它是什么？

a. 太阳系外行星（Pianeti extrasolari）

b. 旋涡星系（Galassie a spirale）

c. 下坠的星星（Stelle cadenti）

星 系

直至20世纪初，我们仍然不了解银河系的真实范围，甚至不清楚天文学家们用他们的望远镜所观察到的所有天体是否都是它的一部分。有一些被称为星云的小光斑，显然它们不是恒星，但我们不清楚它们是什么，也不知道它们有多远。对许多天文学家来说，它们只是银河系中的尘埃云，但有些人认为它们可能离得更远。1924年，当美国天文学家埃德温·哈勃在**仙女座**的一个星云内发现了造父变星时，这个问题终于彻底解决了。由于亨丽埃塔·李维特的研究，哈勃得以测量仙女座星云的距离，并发现它极为遥远。事实上，它遥远到根本不可能是一团尘埃云。它一定是一个**像银河系一样由数千亿颗恒星组成的星系**。简而言之，哈勃发现，宇宙比人们想象的要大得多，而且还有很多除我们之外的星系。随着时间的推移，数量众多的星系已被发现，而且存在不同类型。最常见的有两类：旋涡星系或盘状星系（例如银河系），以及椭圆星系。

光 速

光的速度极快，甚至可能连“极”这个词都不足以形容：它是已知的最高速度。在太空的真空中，光在短短一秒钟内可行进约 30 万千米。

宇宙中再没有比这更快的了。不过，无论多快，光速并不是无限的。所以，当我们看一个遥远的天体时，我们看到的其实并不是它此刻的样子，而是光线发出时的样子。

在你读这句话的时间里，光已环游世界 80 圈了。以光速，一秒钟内你可以环游世界 7 圈半。**儒勒·凡尔纳**在他那本著名的小说中讲述了一次短短 80 天的旅行。经过计算可知，在菲利斯 · 福格和路路通返回伦敦所用的时间里，光已经沿着同一条路走了超过 5000 万次……

小测验

太阳光显然也是以光速传播。那么太阳光到达地球大约需要多长时间？

a. 8 秒

b. 8 分钟

c. 8% 秒

计量单位

光　年

宇宙中如此遥远的距离使得我们在日常生活中使用的计量单位不再适用。例如，离太阳最近的恒星——比邻星，距离太阳 40 万亿千米。

40 000 000 000……**要记住的零太多啦！**

因此，天体物理学家更喜欢使用其他单位，其中最著名的是光年，即光在一年中所走的距离。

不过，你可不要被“年”这个词欺骗，因为光年并不像分钟和天那样**计量时间**，而是像厘米或千米那样**计量空间**。但是这样长的尺子并不存在，因为光年是光在一年中走过的距离。所以，光走的距离……

一秒钟，就是 30 万千米……或 3 亿米。

一分钟，就是 1800 万千米。

一小时，就是 10.8 亿千米。

一天，就是 259.2 亿千米。

一年，就是 94 608 亿千米，也就是 9 460 800 000 000 000 米。

一个距离我们 20 亿光年的遥远星系大约有 200 万亿亿千米远，所以，即使是“遥远”这个词可能也还不足以形容。

天文单位

太阳系内的距离还使用了另一个单位，称为**天文单位**（AU），它的数值取自地球与太阳间的平均距离，约为1.5亿千米，如果非要较真儿的话，那就是149 597 870.7千米。

1光年约等于63 241天文单位。

秒差距

还有一个有点奇特的单位——**秒差距**，意思是“1角秒的视差”。在实践中，当地球移动一个天文单位（即地球与太阳之间的距离）时，1秒差距外的一颗恒星移动了 1/3600度，或1角秒。

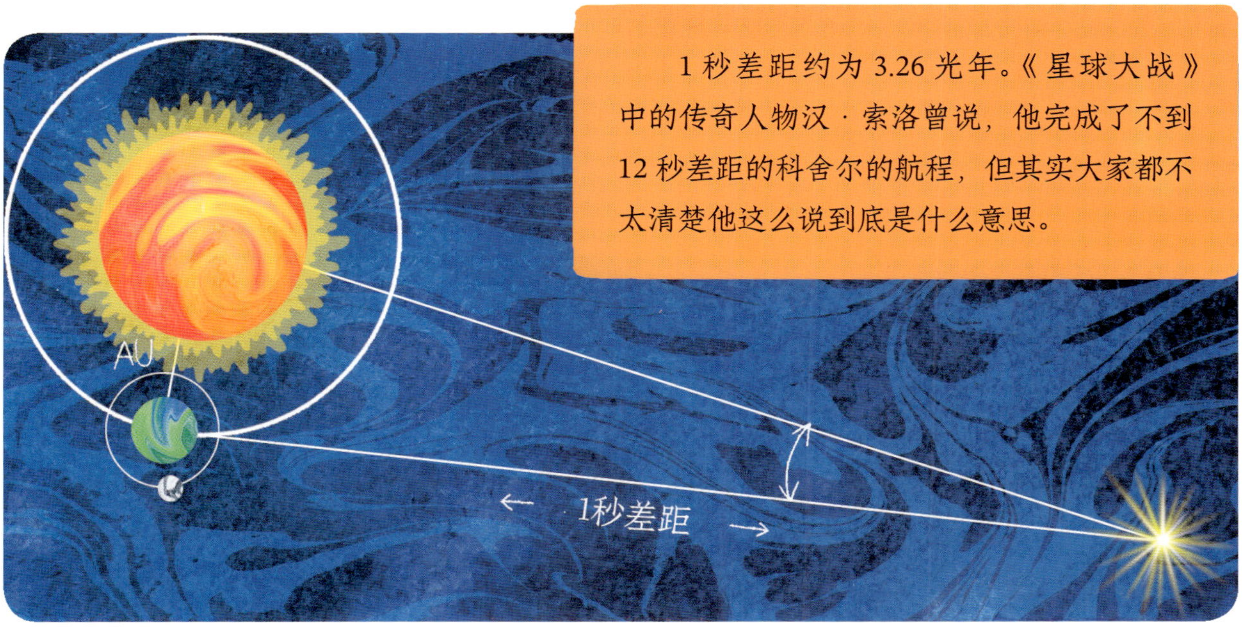

1秒差距约为3.26光年。《星球大战》中的传奇人物汉·索洛曾说，他完成了不到12秒差距的科舍尔的航程，但其实大家都不太清楚他这么说到底是什么意思。

比光还快！

在被科学认为是确定的和不变的事物中，有一个是：没有什么比光还快，也没有什么能达到光速。除非在幻想中——真的可以飞得比光还快！即使是最严肃认真的科学家也会看电影或漫画。

例如，在 1938 年 6 月全新创刊的漫画杂志《动作漫画》第一期封面和内页中，有一个全新的角色登场，现在大家都知道在平静的日子里他是克拉克·肯特，而在必要时，他是超人，即氪星语中的卡尔 - 艾尔。第一个超级英雄诞生了，他必定会影响每个人的想象力。

超人所有的超能力（与他有关的一切都是超级的）之一就是飞得比光速还快。

有没有哪位教授总是说这根本不可能？那也许是因为他看的漫画太少了。

聊到电影和幻想中的角色，你知道《玩具总动员》中可爱的主角巴斯光年（Buzz Lightyear）吗？瞧，英语中 Lightyear 的意思就是光年。而且，巴斯是宇航员奥尔德林的名字，他就是那个在 1969 年夏天与同伴阿姆斯特朗一起踏上月球的人，也就是“第二个踏上月球的人”。

阿尔伯特·爱因斯坦

阿尔伯特·爱因斯坦可能是20世纪最著名的科学家，他被大多数人认为是现代科学之父。他与阿基米德、哥白尼、伽利略、开普勒、牛顿一起被认为是人类**历史上的重要科学家**。仅仅用一两页讲述他当然是不够的，事实上，任何一所图书馆里都会有几十本关于他的书……那么，在这里，我们只谈论一些让他看起来更加可爱的奇闻逸事。

爱因斯坦出生于3月14日，这似乎是一个很普通的日子，但如果你从月份开始读数字3，然后再读日期14，其结果就是圆周率的头几个数字3.14，这对他来说几乎是注定的命运。

爱因斯坦小时候拉小提琴，他最喜欢的音乐家是巴赫。他好像从不穿袜子，所以不太可能一不留神就穿了两只不同颜色的袜子。爱因斯坦曾为一台冰箱申请了专利，但从未投入生产。《星球大战》的特效艺术家以爱因斯坦作为原型创造了尤达这个角色。

爱因斯坦年轻时曾住在意大利的帕维亚，在此之前，诗人乌戈·福斯科洛也曾住在同一所房子里。今天，那所房子的街道被称为乌戈·福斯科洛大街，尽管它也可能是阿尔伯特·爱因斯坦大街……当他搬到美国（并成为美国公民）时，曾因他的和平主义思想而被美国联邦调查局监视，他的档案长达2000页。

小测验

爱因斯坦伸出舌头的那张照片非常有名。那时候发生了什么呢？

a. 他因为喉咙痛得厉害去就诊。

b. 他打赌输了，在表示悔恨。

c. 他们为他拍摄了很多张照片了，这让他觉得无趣。

相对论

显而易见，一切都是相对的，不用爱因斯坦来解释我们也能理解这一点。事实上，相对论告诉我们如何从不同的角度得出相同的结论。物理定律对每个人都是一样的！

但是爱因斯坦发现，**空间和时间会随着测量主体而改变**。例如，用我身边固定不动的时钟计量的时间比用从我身边飞驰而过的时钟计量的时间要长。时间在大质量的物体附近流逝得更慢。例如，如果你的朋友在你接近黑洞的时候看见你，他将看到你的时间越来越慢。在地球上也是如此：你楼上的邻居比你老得快一点，因为他离地球的大质量更远一点。总之，**时间不是绝对的**，对我来说在同一时刻发生的多个事件对你来说不一定是同时发生的。

空间也会因测量者的速度不同而收缩或膨胀。此外，空间在大质量物体附近会发生变形，并且这种曲率会改变通过这些部分的物体的轨迹：这让人觉得质量之间似乎存在作用力，也就是我们所说的引力！

宇宙膨胀也是空间膨胀的结果，爱因斯坦的相对论解释了它。然而，有一个量对一切来说总是相同的：那就是真空中无法超越的光速，准确地说是每秒299 792 458米。

向前与向后

天文学也许是唯一可以从“空间”（也是“太空”）上带你“向前”，并从时间上回溯过去的学科。

想象一下，14 岁的你正在给一个住在澳大利亚的同龄人写信，他不认识你，你也不认识他。你像以前一样，拿一个纸质信封，写一些关于自己是谁、在做什么的话。写完后，你打印一张自己的照片放进信封，再买一张邮票贴上，然后把信寄出去。

意大利语中的“照片（foto）”一词来自希腊语 phōs，你猜猜是什么意思？光！而“grafia”的意思是写作，因此当我们拍摄一张照片（fotografia）的时候，我们是在用光来写作。

现在想象一下，邮递员步行 50 年后，抵达了澳大利亚。他按照信封上的地址敲门，把信交给收件人。那时候，你的同龄人 64 岁，你也是，可当他读你的信、看你的照片时，他会知道你写信时的样子，基本上可以说是回到了过去。不错哟，对吗？

遥远的恒星和星系，也会发生同样的事情，只不过携带图像的**天文邮递员是光**，比走路的邮递员要快得多。事实上，一个距我们 10 亿光年的星系在伴随我们在太空中前进了无数万亿千米的同时，又让我们回到了 10 亿年前……

即使包含“年”这个词，但光年不是时间的计量单位。它是像米和千米一样对空间的度量，只是要比它们大得多。它是光在一年中传播的距离。

小测验

假设古罗马人恺撒大帝有一个地外双胞胎兄弟，住在一个遥远的国家，那么他所在的行星要距离地球多远，才能在今天看到他出生时的光？

a. 刚刚超过 2100 光年

b. 1 光年

c. 10 亿光年

时光机

当我们遥望远方时，我们也在**回首过去**。我们日常生活里的距离很近，而光又传播得极快，所以我们根本无法意识到这一点。但是宇宙很大，距离遥远，于是就显现出来了。例如，你看到的月亮原来是它一秒钟前的模样。你看到的太阳，则有**大约八分钟的延迟**。如果它突然熄灭，在你知道之前你仍然有足够的时间吃个冰淇淋。而我们看到的离太阳最近的恒星其实是它四年前的样子！

宇宙中有的星系非常遥远，它们的光甚至需要**数百万或数十亿年**才能到达我们这里。因此可以说，望远镜是一台时光机！而天文学家有点像考古学家，他们可以通过越来越远的观测一层一层地重构宇宙的历史。

很远，很远，很远

如果我们能看得越来越远……那么我们会看到什么呢？我们能不能再看得更远一点，看到无穷远？

事实上，**宇宙无穷无尽**，不过，当我们可以更多地回顾过去时，在某个时刻，我们将会发现事情变得和今天大不相同。天文学家已发现，数十亿年前的宇宙是**炽热且稠密的**。那时的宇宙没有像今天这样的空旷空间，而是充满了不断相互撞击的分解成基本粒子的炽热物质。

通过观测和构建物理模型，我们了解到这个炽热而稠密的阶段可以追溯到大约 138 亿年前。我们甚至设法拍摄了**一张那时宇宙的照片**。那真是个非常奇怪的地方，有点像恒星的内部，只不过一切都是内部的那样，却没有外部。

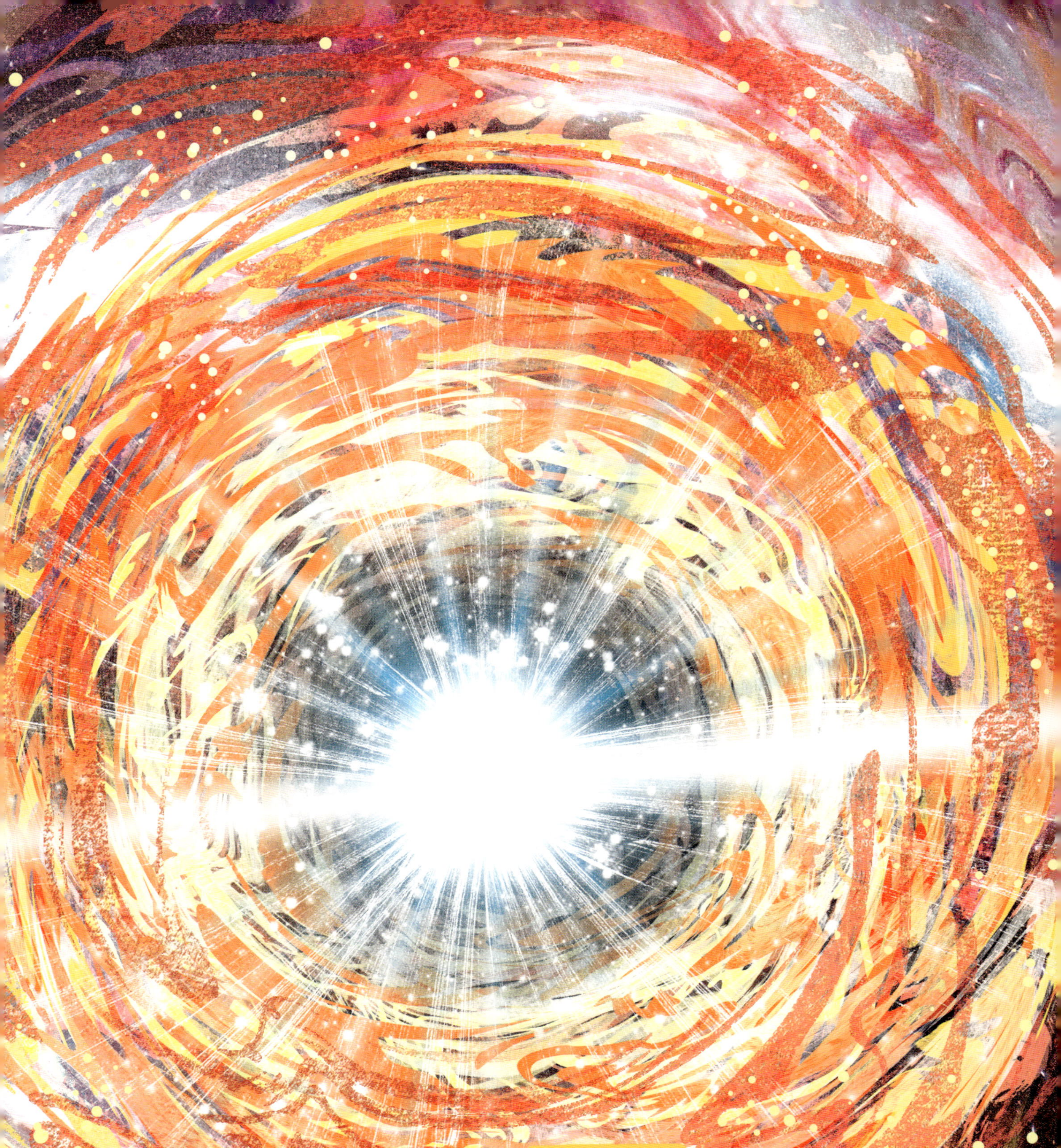

小测验

乘坐今天的宇宙飞船到达太阳只需要4年多一点的时间。到达第二颗离我们更近的恒星需要多长时间？

a. 8年

b. 137年零1个月零3天

c. 15万年

你有没有想过**宇宙是什么形状的**？这似乎是一个毫无意义的问题：我们又不能从外面去看它！实际上，天体物理学家一直在问自己这个问题，并且他们已经找到了答案。我们必须要说的是，要想把宇宙的形状具体化可不容易，因为空间是三维的：想象一张弯曲的纸很容易，但我们无法对一个三维对象进行同样的想象。那我们就必须在一个并不存在的第四维度里把它折弯！因此，为了理解宇宙的形状，最好使用二维的例子，就像一张纸一样。首先，天体物理学家已经了解

到宇宙有三种可能的形状：空间可以像一张纸一样是平的，或者是弯曲的，要么像个球，或者像一片薯片那样的形状。这是怎么知道的呢？可以通过观察**光线是如何表现的**。如果光线在很长的一段距离内保持平行，那么这个空间就是平的。

如果光线弯曲了，那么宇宙的形状就是另外两种之一。你一定不会相信，但确实通过这种测量，我们了解到宇宙具有最简单的形状：平直如纸，但呈三维。谢天谢地！

起 初

138 亿光年。这是我们无法看得更远的距离，因为有**一堵火墙**挡住了我们，就像我们要想看恒星内部一样。然而，在这段时间里，宇宙已经膨胀，今天我们的视野可以延伸到 450 亿光年。

138 亿年前的光也是我们能接收到的最古老的光，而且，就我们而言，我们可以认为它是**一切的开始**，那时的宇宙是炽热而稠密的。如果说许多故事都是以“从前……”开头的，那么宇宙的故事就是从大爆炸开始的！

小测验

在被命名为“大爆炸宇宙论”之前，宇宙起源的理论叫什么呢？

a. 超级吞噬

b. 宇宙点火

c. 原始原子

跟大爆炸有关的四位科学家

1922 年，俄罗斯宇宙学家**亚历山大·弗里德曼**在他位于圣彼得堡的实验室里凝视波罗的海的寒潮时，思潮汹涌，他直觉地认为宇宙并不是停滞静止的，而是在膨胀，并致力于用数学和方程来证明这一点。

在为大爆炸理论做出贡献的众多科学家中，有一位神职人员，你是不是觉得有点儿奇怪？其实，比利时人**乔治·勒梅特**也是一位天文学家和物理学家，而且他是第一个假设最初全部物质都压缩在一个点里的人。

对于俄罗斯人来说，他的名字是**乔治·安东诺维奇·伽莫夫**。他确实是俄罗斯人，他出生在敖德萨，是弗里德曼的弟子。他后来到了美国，并在那里继续他在物理学、宇宙学、生物学，以及其他喜好领域的研究。他很和蔼可亲，也很健谈，不知道当他提出现在被称为“热爆炸宇宙学”的理论时（该理论假设一切源自一场大爆炸），脸上带着怎样的笑容。

弗雷德·霍伊尔先生是英国数学家、物理学家、天文学家、科幻小说家，他还为英国广播公司（BBC）主持科普节目，在广播电台做了大量工作。

1949 年春的一天，正是他对着麦克风一字一顿地第一次说出“大”和“爆炸”这两个词。他本想以此来嘲弄一下这个想法，但最终却成了这个宇宙起源理论的名字。

大本钟（Big Ben）与大爆炸毫无关系。只是由于大家给伦敦著名的威斯敏斯特宫钟塔的大钟取的这个名字非常好听，以至于如今对许多人来说，大本钟不仅指上面的钟，还指整座钟塔。

宇宙一词的由来

拉丁语单词 universus 是一个形容词，意思是整体。这个词是由表示“一”的 unus 和表示“共同方向”的 versus 组成的。所以在意大利语中用形容词 universale（宇宙的、万有的、普遍的、一般的、全体的、一致的、通用的、万能的、博学的……）来表示全体和普遍的东西：万有引力、大洪水、公共图书馆。

意大利语词 Universo（宇宙）总是把首字母 U 大写，因为它是绝对的主角，它源于形容词，表示事物和事件的整体。它包含一切，所以只能有一个（这个词本身就是这么说的），如果有两个，那么其中任何一个都不会是整体……

宇宙一词在英语中是 universe，在法语中是 univers，在德语中是 Universum，在芬兰语中是 maailmankaikkeus，在克罗地亚语中是 svemir，在波兰语中是 wszechświat。在葡萄牙语和西班牙语中，都是 universo，在阿尔巴尼亚语中是 universi，在丹麦语中是 univers，在爱沙尼亚语中是 universum，在盖尔语中是 cruinne，在立陶宛语中是 visata，在匈牙利语中是 világegyetem。

小测验

大学是学习的地方。意大利语中的“大学（università）”一词来自拉丁语 universitas，这是什么意思呢？

a. 已知和未知宇宙的集合

b. 研究同一学科的人的集合

c. 至少会说三种语言的人的集合

一些常见的观点

对伽利略·伽利莱而言，宇宙是革命性的。

根据艾萨克·牛顿的说法，它是普遍性的……可以通过重复获得。

埃德温·哈勃称之为河外星系。

艾萨克·阿西莫夫认为，它是虚构的。

对于斯蒂芬·霍金来说，它是独一无二的。

对伟大的诗人但丁而言，宇宙是圆形的。

儒勒·凡尔纳认为它美丽如画。

贾尼·罗大里把它想象成一把摇椅。

宇宙膨胀

为什么数十亿年前的宇宙比今天更炽热、更稠密？就是因为**宇宙膨胀**了！所以，如果我们能倒回去看这部宇宙历史的电影，我们将会看到那时所存在的一切都被压缩在一个更小的体积内。

这挺**令人吃惊**的，不是吗？事实上，连天体物理学家他们自己也花了好一阵子才确信情况确实如此。

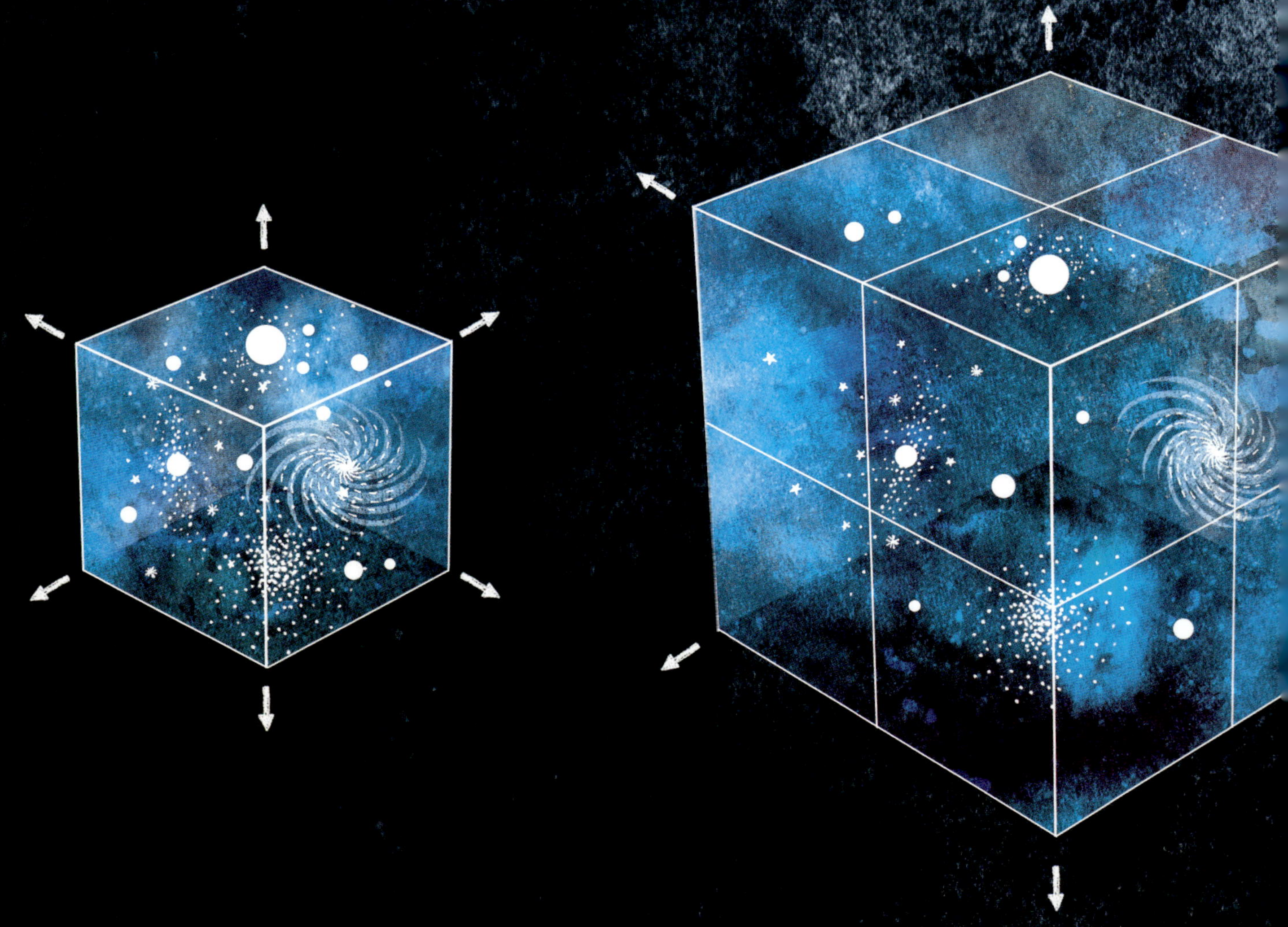

大约一个世纪前，天文学家埃德温·哈勃发现**其他星系正以与其距离成正比的速度远离**，他的发现让我们知道了宇宙在膨胀。也就是说，离我们距离相同的所有星系都以相同的速度远离，而离我们两倍距离的星系以两倍的速度远离，以此类推。这是一个非常精确的定律，我们称之为**哈勃-勒梅特定律**，迄今为止的所有观测都证实了这一点。这可是我们对宇宙了解得最准确的事情之一！

显然，我们不能觉得我们的星系是独特的，也不能以为就我们原地不动，其他星系都在离我们而去。所以，这种星系的运动必然存在普遍性：宇宙中任何两个星系之间的距离都会随着时间的推移而增加。没错，宇宙正在膨胀！

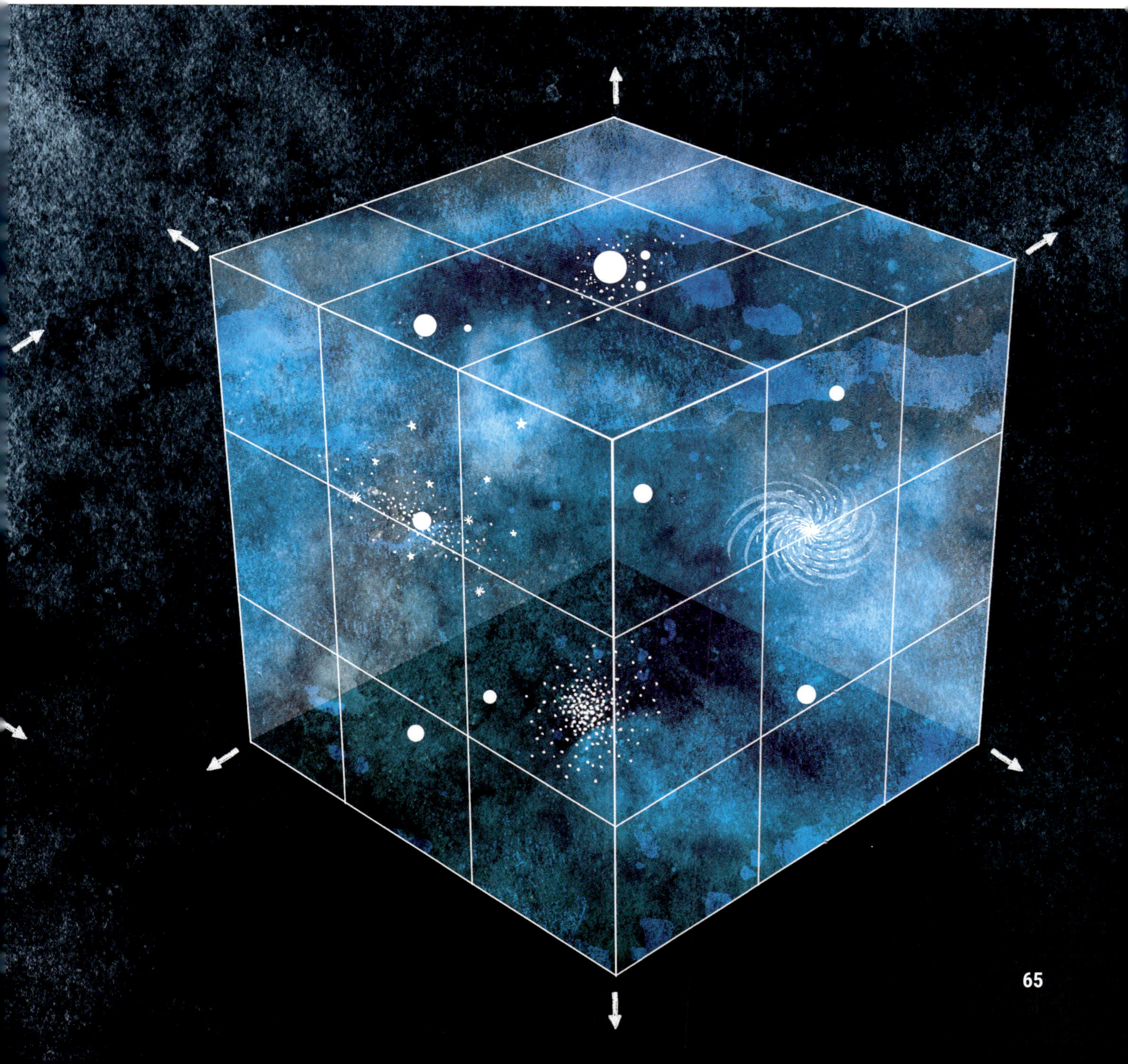

埃德温·哈勃与哈勃空间望远镜

活跃于 20 世纪上半叶的美国天文学家埃德温·哈勃的名字时常会出现在本书中。现在就让我们来看看为什么。

1924 年，他在洛杉矶县用威尔逊山天文台的望远镜观测时，发现仙女座大星云并不是简单的星云，而是**真正的星系，是银河系的孪生星系**。

后来，在研究其他已被发现的星系时，他注意到它们正在远离我们，而且离我们越远就跑得越快，这就是我们今天所说的哈勃－勒梅特定律。

1990 年 4 月 24 日，“发现号”航天飞机从佛罗里达州卡纳维拉尔角的发射基地起飞，在其载荷舱内携带了一台**望远镜**，该望远镜将被**放置在大气层外**，以前所未有的方式观测宇宙的深度。这一科技奇迹被命名为哈勃空间望远镜，以纪念科学家埃德温·哈勃。多亏了他，天文发现才得以成倍增加。

小测验

哈勃空间望远镜是为了纪念埃德温·哈勃，以他名字命名的还有……

a. 一座月球环形山

b. 木星的一颗卫星

c. 一颗彗星

关于膨胀的三个问题

宇宙是在什么里面膨胀的呢?

没有在什么里面！宇宙就是所有的一切，并**没有在其中膨胀的外部空间**。很多人提出这个问题的原因是由于对膨胀的错误看法，他们认为星系就像爆炸的碎片一样被抛出去侵入新的空间区域。事实并非如此。**膨胀是整个空间的扩展**。看似在太空中静止的星系被膨胀拖拽。

你可以想象一个正在被吹起来的气球。你会看到你画在气球上的那些小点在彼此远离，即使它们在橡胶表面上是静止的。当然，在这个例子中，你得想象宇宙只是气球的表面，因此只有两个维度，而不是三个维度。另外，在这个示例中，空间是弯曲的。但实际上，你也可以想象一个随着时间的推移而无限延伸的扁平的橡胶板。这就是一样的了。或者，如果你想再从三维空间中思考，那就可以想象托尼甜面包的面团正在发酵膨胀，而其中的葡萄干正在相互远离。

膨胀的中心是什么呢?

根本没有!宇宙中的每一个点基本都是相同的。膨胀**以相同的方式到处发生**。根据哈勃–勒梅特定律,从任何一个星系,你都会看到其他星系正在远离。

你再想象一下那个正在膨胀的气球。如果你是待在橡胶表面上的一只小蚂蚁,你就找不到中心!实际上,气球的中心并不重要,因为它不是表面的一部分。

如果宇宙在膨胀,那我们的银河系、太阳系、地球,甚至我们自己,不也应该膨胀吗?

不会的,因为膨胀的只是空间,而不是物体。如果一个物理系统通过某种力(引力、化学力或其他形式的力)结合在一起,膨胀就不会发生。所以**我们的银河系不会膨胀**,太阳系也不会,我们也没有变得更高大!

为什么天空是黑暗的？

因为没有太阳，所以夜空是黑暗的，没错，但这不是真正的问题。真正的问题是：为什么夜空没有不留一丝缝隙地被满天繁星塞满？是不是因为只存在我们肉眼可见的恒星，而宇宙的其余部分是空的？其实并不是这样：事实上，当我们用望远镜仔细观察恒星之间的空隙时，总会发现新的恒星和星系。那么，**为什么所有这些恒星和星系的光芒不能充满整个天空**，让夜空明亮呢？也许是因为它们太遥远了？事实并非如此：如果你仔细观察的话，你会发现虽然更遥远的恒星更暗淡，但是它们也比附近的恒星要多得多，因此如果它们的光叠加在一起，也应该很强。总之，天文学家们对这片黑暗的天空苦思冥想了好一阵子，最终他们找到了答案！**天空是黑暗的，是因为宇宙在膨胀，而且宇宙并非一直存在**。因此，膨胀使得遥远星系远离得越来越快，它们的光线也随之减弱。此外，如果你能看得更远，会发现没有星系可以观测了，因为它们还没有形成呢！

在地球大气层之外——就在我们头顶上方100千米处——**天空是黑色的**，即使在大白天，太阳看起来是一个白色的球的时候，那里也是黢黑黢黑的。正是大气层把太阳光散射成了我们看到的所有颜色。

小测验

说到黑暗与光明：托马斯·爱迪生是在哪一年为他著名的灯泡申请了专利？

a. 1801

b. 1880

c. 1912

大爆炸的声音

有人说大爆炸，于是所有人都在想象爆炸和一声巨响！但说实话，**宇宙并不是从一次爆炸开始的**。甚至没有一个中心可以让周围的物质碎片像炸弹碎片一样到处飞溅！是的，我们只知道大约140亿年前，到处都炽热、稠密的整个宇宙开始非常迅速地膨胀。无论如何，即使没有最初的一声巨响，我们也知道**一定有某种声音**。是的，因为整个空间都充满了这种炽热的气体，就像我们的声音在空气中传播一样，有细浪泛着涟漪。事实是，当时没有任何人可以听到！但是天体物理学家已经能够测量这些来自万物之始的声波，这听起来简直令人难以置信。他们还用分析乐器的声音的方式对其进行了分析：我们并不是为了知道它是什么乐器，而是想了解宇宙是如何形成的。甚至有人为了好玩儿把它做成了我们**可以用耳朵听到的声音**，但并不是很好听：有点儿像喷气式飞机的轰鸣声！

宇宙中没有空气，因此没有声音。我们可以把用探测器和望远镜收集的数据转化为地球人可以听到的太空之声。

火星上地震的振动就是这种情况，也许我们应该把它称为**火星震**……那是2019年，“洞察号”火星探测器记录下来的，听上去仿佛是一台调谐不良的旧收音机。

被普朗克卫星记录下来的138亿年前宇宙的声音让人想起飞机起飞时的噪声。钱德拉X射线天文台捕捉到**的银河系中心黑洞的声音**，听起来像惊悚片的配乐。

“朱诺号”木星探测器接收到了来自**木星电离层**的声音，听上去似乎是海浪撞击岩石或风滑入隧道的声音。

大爆炸之前

如果**时光倒流**，宇宙中所有点之间的距离会回到过去，越来越小，那么迟早在某一刻，会变为零，于是，**一切都缩到一点，而且密度无穷大！**

这一刻正是天体物理学家开始计时的时刻。当我们说宇宙约有138亿年的历史时，我们的意思是从一切都缩到一个点的那一刻起，已经过去了约138亿年。那么，在那之前是什么呢？

如果什么都没有，甚至连空间和时间都没有，这个问题就变得近乎荒谬，就像在问“在北极的北边有什么？”。

但这事儿要复杂得多。物理学家们可不喜欢密度变为无穷大，连空间和时间都没有的时刻，因为他们没有工具去描述它。事实上，他们称之为**奇点**。

当数学中出现奇点时，人们会怀疑一定是哪里出错了。所以说，大多数天体物理学家都不确定是否有那么一刻，一切就都这么突然从无到有地出现了。**也许以前也有些什么**，但和现在的宇宙大不相同，而且过于复杂，根本无法用我们所知道的物理学来描述它。我们需要变得更加出色，才能了解事情的真相！

反物质是什么？

我们能看到的周围的一切都由**微小的粒子**组成：原子是由电子、质子和中子组成的；而质子和中子是由被称为夸克的粒子组成的。20 世纪物理学中最出人意料的发现之一是这些粒子中的每一种都有一种孪生粒子：一个质量相同但电荷相反的粒子，物理学家称之为**反粒子**。简而言之，除了构成我们的物质，以及我们所知道的全部物质，还有一种**反物质**。但它在哪里？我们可以在实验室里制造它，或者我们偶尔可以发现一些由自然现象产生的反物质粒子。幸运的是，我们周围没有太多反物质，否则我们会被炸了。事实上，如果一个物质粒子遇到它的反粒子，**这两个粒子就会相互抵消**，就像正负极一样。如果在宇宙之初，有同样数量的物质和反物质，那么一切都会变成纯能量，现在我们就不会在这里了。所以宇宙是由物质，而不是反物质组成的。但为什么呢？目前还没有人知道，物理学家和天体物理学家正在努力弄清楚这一点。

也许我们不应该花太多时间去寻找反物质，而是应该满足于物质，对所有人来说，物质都已经够充足了。因为有一件事是肯定的：当反物质和物质相遇时，会发生**巨大的爆炸**。

只需 1 克反物质就能产生原子弹般的毁灭性效果，在那之后，要想再恢复秩序真的非常困难……

宇宙比萨饼

当你想到宇宙时，你会想到什么？星星？是的，当然！但是在宇宙中，还有很多你根本无法直接看到的东西。近几十年来，天体物理学家在观测了宇宙中的各种物质和能量后，有了一些惊人的发现。

你把宇宙中的所有东西想象成一个大比萨饼：原子（**构成我们的物质和我们**所看到的一切，包括恒星和行星）是极小的一块。如果把这个大比萨饼分成20块，其中只有一块是由原子构成的，这是我们唯一直接知道的成分！近三分之一的比萨饼是由**暗物质**构成的，这是一种我们无法用望远镜直接看到的物质。那它究竟是什么呢？我们还不知道，但做了很多试图找出答案的实验。比萨饼的其余部分，或者说大半以上，是由一种叫作**暗能量**的东西构成的，它是宇宙真空的能量。不仅如此，正是这种能量导致宇宙膨胀越来越快。

小测验

毫无疑问，好吃的比萨饼是全宇宙的！那不勒斯比萨饼店老板拉斐尔·埃斯波西托发明了……

a. 薯条比萨饼

b. 四季比萨饼

c. 玛格丽塔比萨饼

暗物质

当一种东西被称作暗物质，仅凭其阴郁迷人的名字，便会激起人们无尽的好奇心和想深入了解的欲望。这个词当然有特指的含义，之所以称为**暗**，也是因为我们对它还没有清晰的认识。

不过，有些事情我们是知道的。比如不应把暗物质与反物质混为一谈：它们是完全不同的两种东西！我们还知道暗物质不可能是构成我们自身的物质，也不可能是构成恒星和行星的物质，也就是原子。最有可能的是，它是一种未知的**基本粒子**，但我们也不能完全确定就是这样。

跟宇宙中的所有物质一样，暗物质也通过引力吸引其他物质（并也被其他物质吸引）。因此，即便我们不能直接看到它，它也会产生可被观测的效应。我们希望通过研究这些效应而加深对它的了解。

杰出的美国天文学家**维拉·鲁宾**在1974年确认了暗物质的存在。为了这一刻，她研究并承袭了几个世纪以来许多科学家的思想和成果，也充分发挥了她自己的观察力，以及伟大的直觉力和创造力。

这本书开头的那句话就是她说的，正是她的功劳，今天我们可以对我们所处的宇宙之外展开各种猜想。

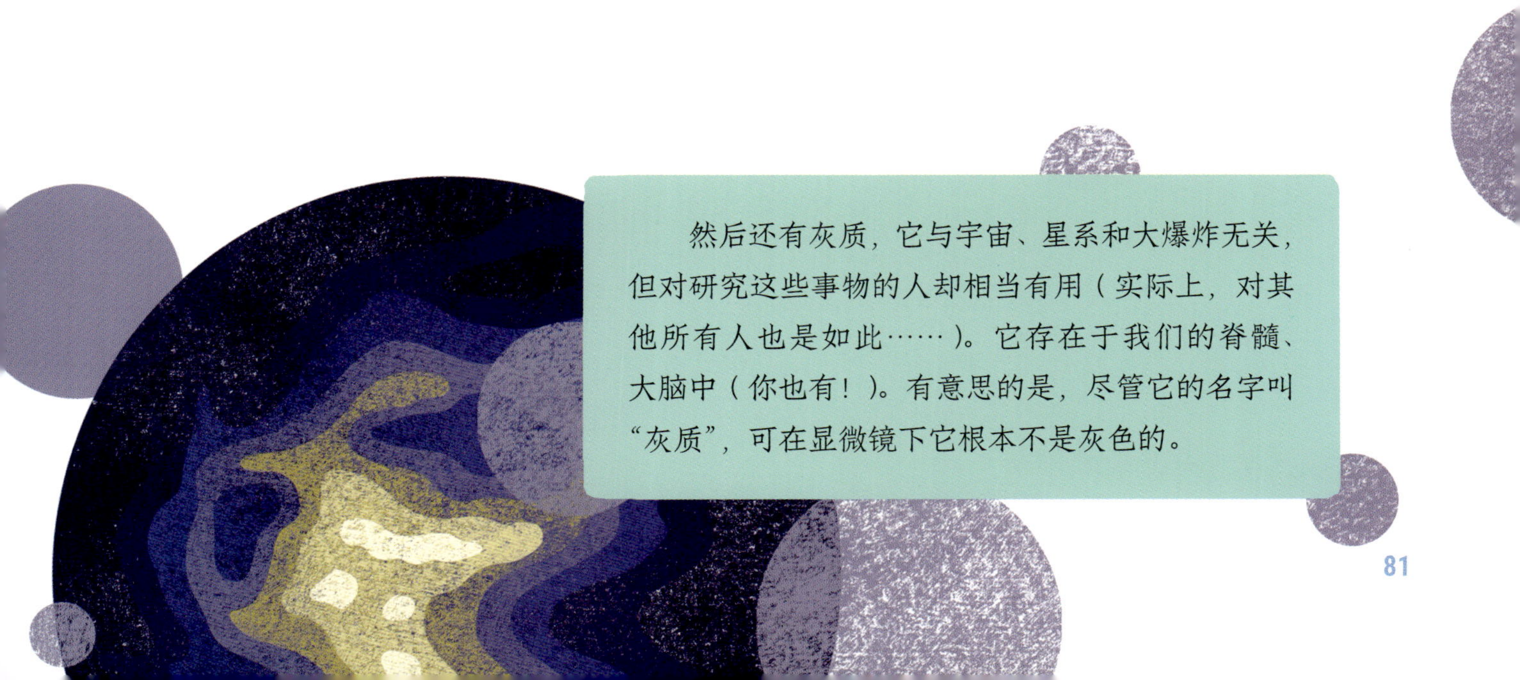

然后还有灰质，它与宇宙、星系和大爆炸无关，但对研究这些事物的人却相当有用（实际上，对其他所有人也是如此……）。它存在于我们的脊髓、大脑中（你也有！）。有意思的是，尽管它的名字叫“灰质”，可在显微镜下它根本不是灰色的。

逃逸速度与黑星

你有没有想过应该以多快的速度发射炮弹才能让它冲出地球不再回来？告诉你吧，大约需要每秒 11 千米，也就是每小时 4 万千米。

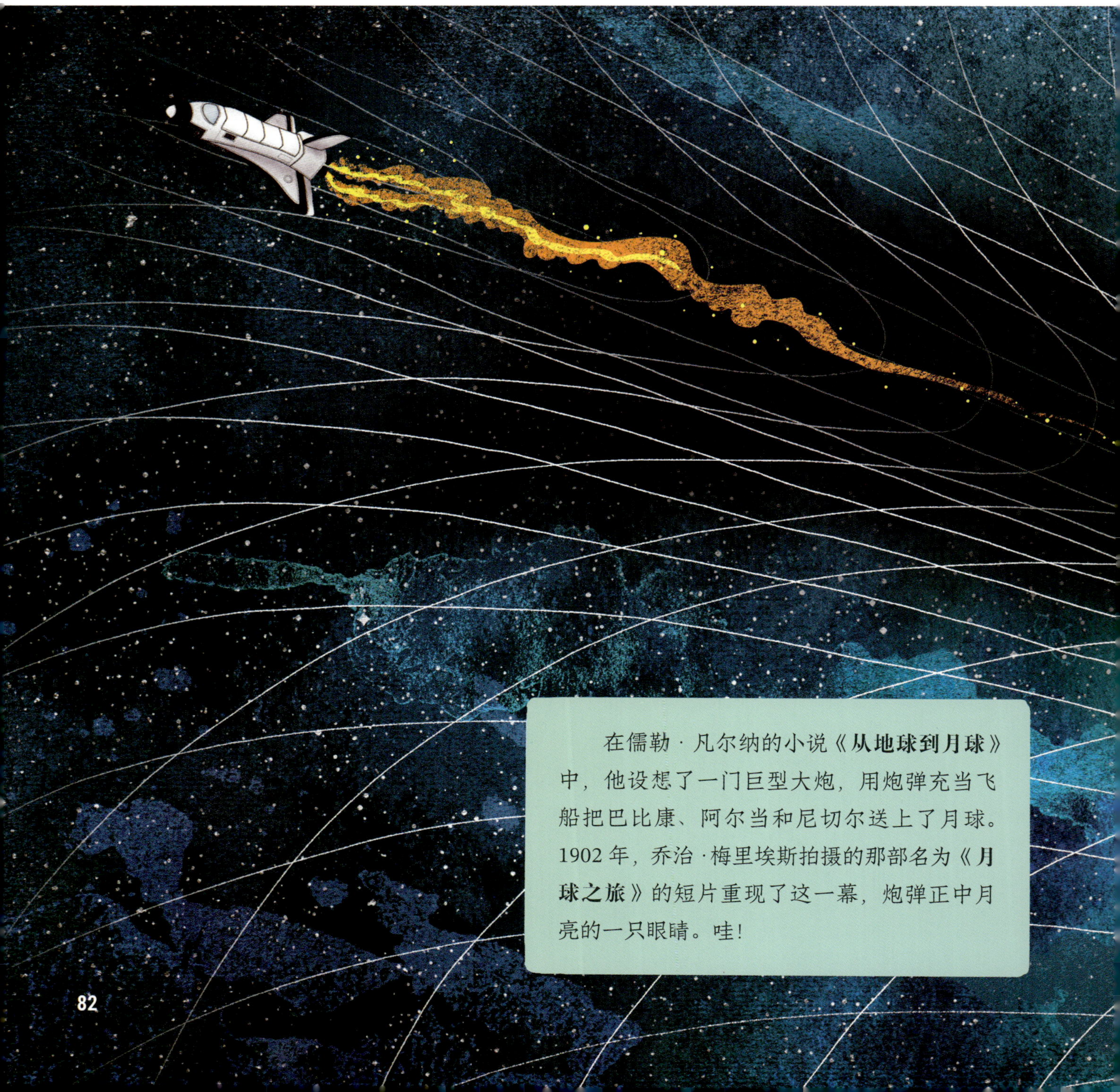

在儒勒 · 凡尔纳的小说**《从地球到月球》**中，他设想了一门巨型大炮，用炮弹充当飞船把巴比康、阿尔当和尼切尔送上了月球。1902 年，乔治 · 梅里埃斯拍摄的那部名为**《月球之旅》**的短片重现了这一幕，炮弹正中月亮的一只眼睛。哇！

这个速度被称为**逃逸速度**。当然，对于比地球质量更大的天体来说，逃逸速度也会更大。譬如，如果你想逃离太阳，你必须以每秒 618 千米的极快速度一跃而起。更糟糕的其实是体积小而质量大，也就是说密度很高的天体，例如**中子星**，它们的质量与太阳相同，但都压缩在几千米的半径内。要想逃离中子星，就必须几乎以光速飞行！

早在 1783 年，一位名叫**约翰·米歇尔**的英国科学家就曾提出是否存在密度如此之大，以至于连光都无法逃逸的物体。他提出，如果一颗恒星的密度足够大，离开其表面所需的速度大于光速，那么光将被捕获，而恒星看起来就是黑色的！于是，米歇尔将这些假想的恒星称为**黑星**。

让我们制造一个黑洞吧！

可是，这样的物体真的存在吗？

20 世纪初，一位名字有点难读的科学家卡尔·史瓦西计算出，对于每一个有质量的物体，都存在一个非常特殊的半径，你瞧，它后来被命名为**史瓦西半径**。如果压缩一个有质量的物体，使它小于它的史瓦西半径，就会得到一个密度极大以至于能捕捉一切的物体，甚至是光，就像米歇尔所说的黑星一样。无论什么进入了这种物体的史瓦西半径，都永远无法返回。也许你已经猜到了，显然像这样连光都无法逃逸的引力如此强大的物体，别无其他，就是**黑洞**！

史瓦西（Schwarzschild）这个名字从德语翻译而来，意思是“黑盾”……这位科学家的名字恰好如此，这仅仅是个巧合吗？！

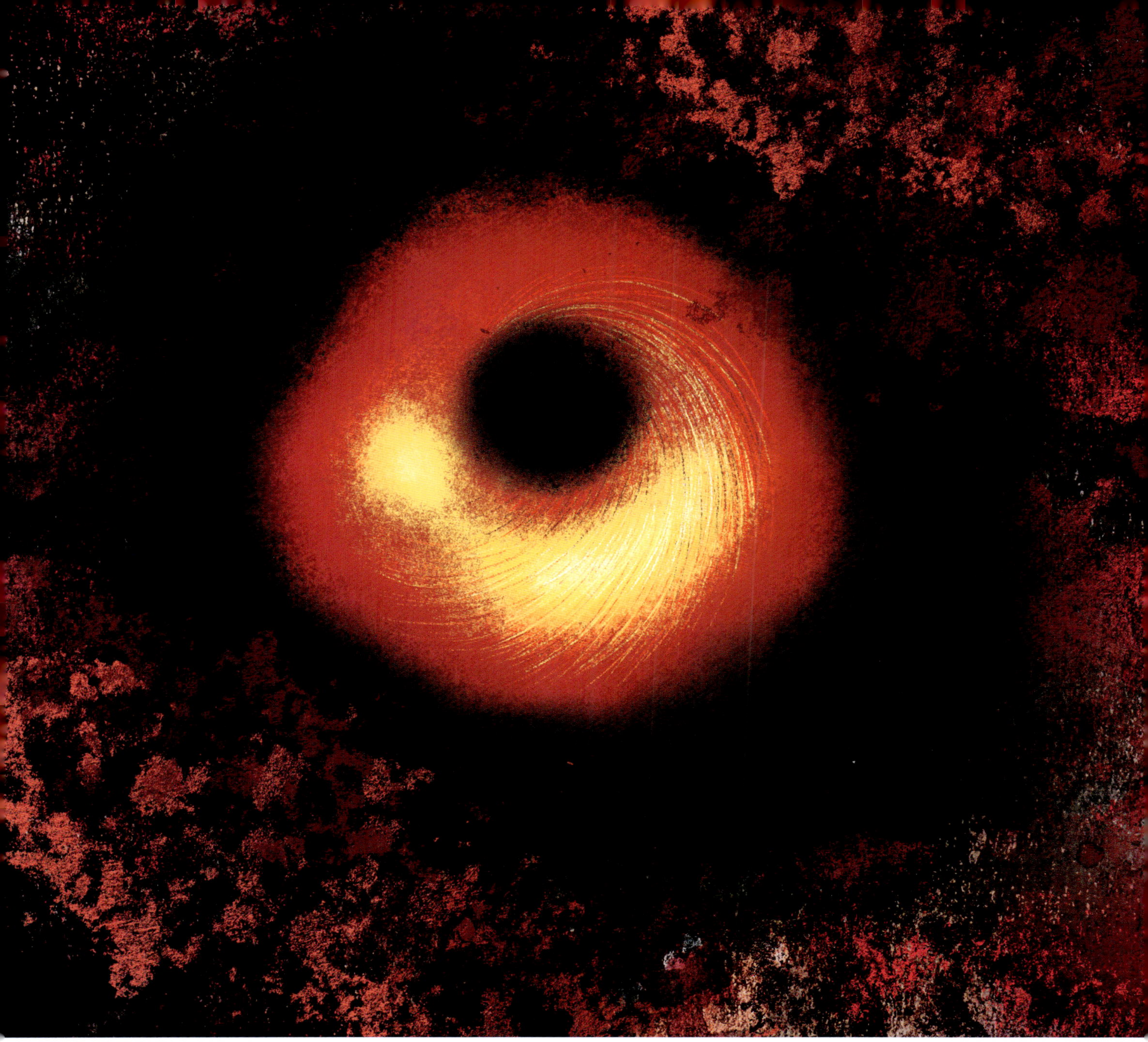

地球的史瓦西半径约为 **9 毫米**，因此要想把地球变成一个黑洞，我们必须把我们的星球压缩到比指甲还小。然而，对于太阳来说，它大约有 **3 千米**。但太阳的半径远大于此，所以太阳的史瓦西半径落在其表面之内，这就是为什么太阳不是（也永远不会变成）黑洞的原因！

实际上，我们所知道的制造黑洞的唯一方法就是让大自然去创造它，也就是等待一颗恒星死亡。不过，它必定是一颗质量非常大的恒星：**质量要比太阳大几十倍**。当这样的恒星不再发光时，它自身的重量会导致它以不可阻挡的方式迅速坍缩，直到变得小于史瓦西半径。于是，一个黑洞就制成啦！

关于黑洞的五个问题

黑洞是宇宙中的洞吗?

不，它被称为洞，但它并不是洞：它是一个物质一旦进入，就再也无法出来的球形区域。球体的表面被称为**事件视界**，从外面看它是完全黑色的，因为即使是光也无法逃逸。当你绕着它转的时候，你看到的都是相同的东西，一个完全黑暗的圆盘，就像绕着太阳转的时候，你总是能看到一个明亮的圆盘一样。

黑洞会把东西都吸进去吗?

绝对不会！黑洞可**不是吸尘器**！实际上，如果距离足够远，黑洞周围的引力与一个质量相同但不是黑洞的物体（例如恒星）的引力是一样的。比方说，如果由于某种原因，太阳瞬间变成黑洞（这不会发生），那么，所有行星仍将继续像以前一样绕轨道运行。只有当离视界太近时，才会有麻烦。

那么，如果我靠近黑洞会发生什么？

一开始不会有什么特别的事情发生。只要我们离视界足够远，我们仍然可以**调转方向返回**，只不过需要消耗大量能量。可是，如果我们的一个朋友一直在家里等着我们，那么当我们回到家里时，我们会发现他变老了，因为对于接近过黑洞的我们来说，时间过得比他慢。

如果我们进入事件视界会怎样呢？

在那里，我们不会看到任何东西，因为视界不是边境，也没有边界线警示我们说我们正在越过无法返回的边界点。然而，一旦进去，我们**就再也回不去了**，即使消耗无穷的能量也不行。我们甚至无法在空间静止不动，但我们将被迫向黑洞中心坠落。

黑洞里面有什么呢？

这个嘛，我们不知道！根据相对论，在黑洞的中心应该是一个没有空间和时间的无限密度点：物理学家称之为**奇点**。但我们实际上还不知道准确的物理原理，无法确定可能会在里面发现什么，所以我们现在无法回答。唯一的办法就是进入黑洞亲自看看，可是那样的话，我们就无法告诉别人啦！

黑洞是存在的！

但是，如果黑洞那么黑，又没人能看到黑洞，我们怎么知道它们真的存在呢？

好吧，尽管很难找到它们，但它们并不是与宇宙的其他部分完全隔绝的，所以它们会留下**存在的痕迹**。例如，在它们周围经常有物质非常接近事件视界，以至于会以惊人的速度旋转，然后向内坠落。在疯狂旋转的时候，物质会急剧升温并释放出我们可以直接看到的**大量的能量**。

因此，多年来我们一直知道黑洞的存在，最近我们也在 M87 星系中心观测到了一种围绕在一个数十亿倍太阳质量黑洞的视界周围的炽热物质。大多数星系的中心都有一个**超大质量黑洞**，我们的星系也有一个！实际上，我们已经观察到的绕着银河系中心运行的恒星之所以能以如此之快的速度旋转，没有其他解释：那里有一个黑洞！

第一张黑洞的照片是由事件视界望远镜（国际科学合作项目）于 2019 年 4 月公布的，这个黑洞位于 M87 星系的中心。

星际意大利面！

有一天，一件不可思议的事情发生了：天文学家发现一颗**恒星**被一个超大质量黑洞**撕裂**。没错，因为如果一颗恒星离黑洞的视界太近，就会不断被引力拉伸，直到它变得像一根意大利面条一样又细又长。事实上，天体物理学家说的就是意**大利面条化**。拉拉这边，拉拉那边，恒星最终被撕裂，于是只见一道闪光，一道让我们意识到准是发生了什么非凡事件的闪光。

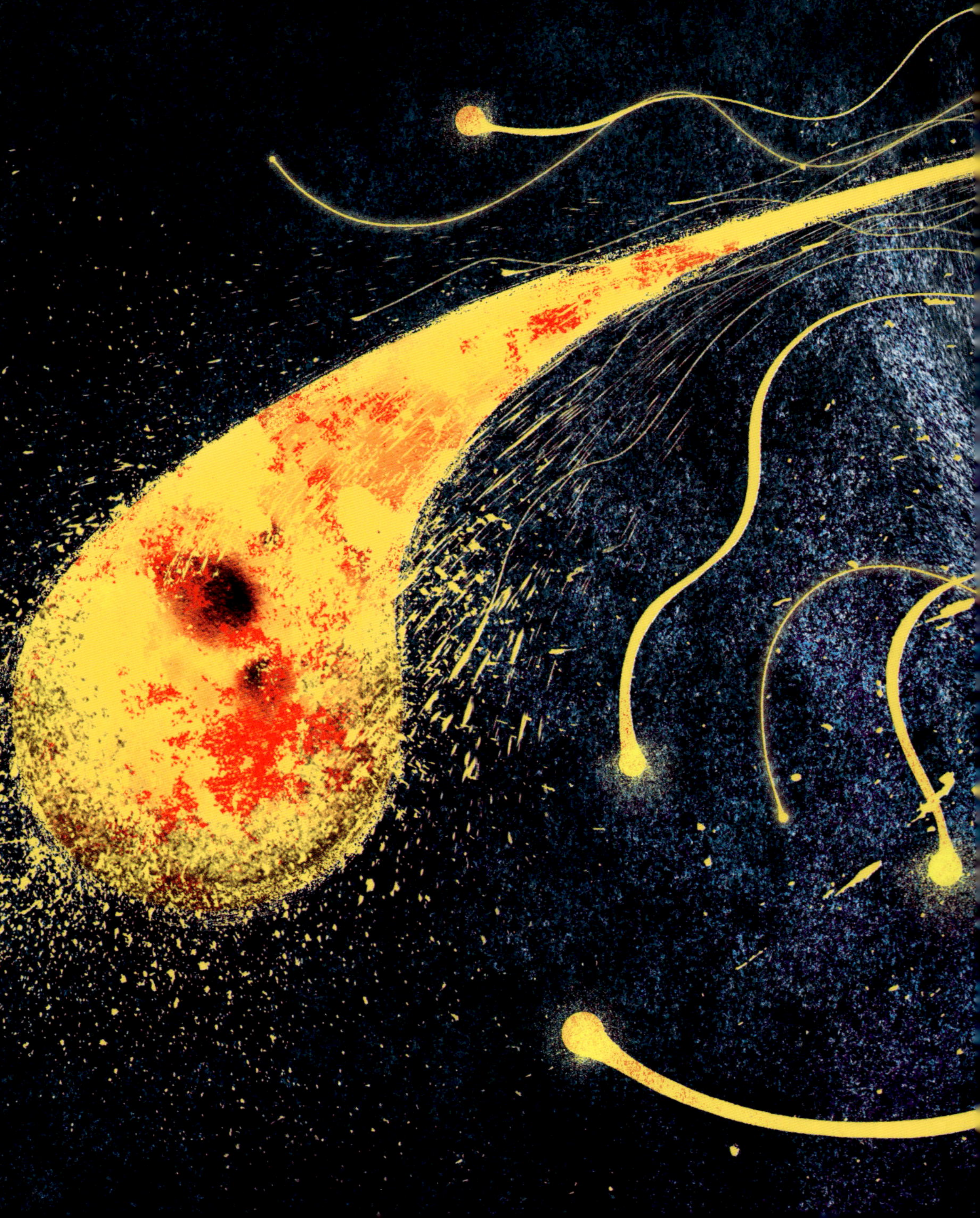

白　洞

我们的世界是由对立面组成的，一个不存在，也就没有另一个。我们有热和冷（你想想要不是这样将会怎么样，假如温度是固定的并且永远不会改变……）、高和低、大和小、黑和白……

既然有只能进入但永远无法退出的黑洞，那么会有只能出来但永远无法进入的白洞吗？

20 世纪 60 年代，俄罗斯宇宙学家伊戈尔·诺维科夫提出了白洞存在的理论，他将它们想象成从黑洞进入另一个宇宙的延续。但这可不是一个旅行的好方式，因为一旦进入黑洞便会被撕成碎片！

然而，还有另一种理论观点让我们能够比光速移动得更快（甚至可以做时间旅行）。它被称为虫洞，或者时空洞，在英语中是“wormhole”，这是一个科幻感很强的术语！它表示一种时空捷径，一种连接宇宙遥远点间的隧道。每个入口看起来都像一个黑洞，但你可以穿过它，从另一边出来，而不会带来糟糕的结局。

引力波

你肯定知道**很多类型的波**：例如海浪，这只是在物质中传播的众多类型的波之一。将音乐和声音传递到耳朵的声波也以类似的方式在空气中传播。

还有一些波甚至可以在真空中传播：用于无线电、电视和手机传输信息的**电磁波**。

但最不可思议的是**引力波**，它的传播会使时空本身变形！引力波可以由两个彼此快速旋转的质量产生，并且可以穿越整个宇宙而不被吸收。但是引力波是如此微弱，以至于要测量到它们，就需要产生引力波的质量非常大，例如两个黑洞。物理学家花了几十年时间进行观测，终于在 2015 年取得了成功。

他们使用了“**引力波天线**”来测量引力波通过时引起的时空微小振动。你想想看，引力波对几千米长的天线所造成的形变比原子的尺寸还要小！

恒星之舞

根据爱因斯坦著名的相对论，一个天体围绕另一个天体的运行轨迹并不是像牛顿所认为的那样是一个椭圆形，而是像在太空中画出的“玫瑰花结”。一个世纪前对水星绕太阳轨道的观测就是一个例子。今天，如果你有足够的耐心，就可以画出黑洞周围恒星的轨道……问题是，这需要花费至少 30 年的观测时间，以及一个比以往任何时候都强大的望远镜，但这一奇观确实令人惊叹。

恒星众多

恒星众多，但究竟有多少颗呢？我们用肉眼看到的只有几千颗，并不是很多，而且在城市里，由于污染和其他灯光的干扰，实际上我们能看到的更少。

但宇宙中的恒星比这多得多。仅在我们的银河系中，就有数千亿颗。而宇宙包含数千亿个星系。如果你算一下，就会知道宇宙中的恒星总数大约是**数百万亿亿！**

数百万亿亿会有多少个0呢？！

我知道，这是一个根本无法理解的巨大数字，那么就这么说吧：宇宙中的恒星比地球上所有海滩上的沙粒加起来还要多！**我们是怎么知道的**？谁会不厌其烦地一颗一颗数星星呀？显然我们也没有去一颗一颗统计所有海滩上的沙粒。但我们可以取一茶匙沙子，数一数里面有多少粒，然后乘以所有沙子的体积，我们就会对沙粒的总数有一个基本的概念。对于恒星，我们也可以做同样的事情：我们观察宇宙的那些小区域，计算里面恒星的数量，然后再乘以宇宙的总体积！

有一幅令人惊叹的图像帮助我们意识到宇宙中布满了恒星和星系。这要归功于哈勃空间望远镜，它在 1995 年 12 月瞄准了大熊星座附近天空中没有星星的一**小块区域**。简而言之就是一小块黑色天空。要知道它的大小，就好比你取一粒沙子，把它放在一臂之外的距离。或者把一分钱的硬币放在 20 米远的地方去观察。我的意思是，这就像通过一根非常细的吸管仰望天空。

小测验

在各个国家的旗帜上最常见的天体是什么？

a. 太阳

b. 月亮

c. 恒星（太阳除外）

宇宙中最令人惊叹的图像

望远镜聚焦后，天文学家连续 10 天观察了这个区域。为什么呢？好吧，想象一下你想用一个杯子来收集雨水。如果雨很大，有很多大雨滴落下，那只需花费很少的时间；但如果雨很小，你就需要等待更长的时间。望远镜就像**一个收集光子的杯子**，光子是构成光的粒子。一个非常明亮的光源在短时间内发送许多光子，图像即可迅速形成。而如果光子很少，你将不得不等待更长的时间。

通过长时间的观察，即使天空中的那一小部分看起来是完全黑暗的，哈勃空间望远镜仍然能够收集到足够的光子来获得图像。我们在图像中看到了什么？我们看到了成千上万的光点，**它们不是恒星，而是星系！**有些是如此遥远，以至于它们的光在到达我们之前几乎穿越了整个宇宙。就这样我们知道了宇宙中布满了恒星！

行星无处不在！

既然有这么多恒星，那么会有多少行星呢？直到数年前，我们甚至不了解太阳系外的任何一颗行星。事实上，观测行星并不像观测恒星那么容易，因为**行星又小又暗**。它们就像在灯塔周围飞来飞去的小飞虫。那我们怎么办呢？

直到几个世纪前，**即便是太阳系中，那些遥远的行星也很难被发现**……例如，天王星于 1781 年被发现，连伽利略都不知道它的存在；1846 年发现了海王星；1930 年发现了冥王星（但 2006 年降级为矮行星）。因此，如果没有极其精确和灵敏的工具，就不可能找到太阳系外行星。

这需要更先进的技术或极致的想象力……

第一个推测太阳系外存在行星的科学家是 300 多年前的艾萨克 · 牛顿，但以他那个时代的技术，他无法证实这一点。

虚构的行星

成百上千个虚构的星球丰富了科幻小说和电影的情节。比如超人的出生地，大名鼎鼎的氪星，它绕着拉奥星旋转，有两颗卫星。

再比如，科幻电视剧《默克与明蒂》中默克的家乡奥克星球。默克是个讨人喜欢的类人生物，乘坐一艘蛋形宇宙飞船来到地球，“纳诺－纳诺”是他的口头禅。那些 20 世纪 70 年代末出生的孩子很怀念他。

贾尼·罗大里书中的圣诞树行星呢？这颗行星有百合花的香气，每天都是圣诞节。在那里，地球男孩马可遇见了马库斯。

然后还有位于卡斯特伯勒斯星座的行星——加利弗里，这是 20 世纪 60 年代电视剧《神秘博士》主角的故乡。它远在银河系之外，距离我们有 2.5 亿光年。

瓦肯星是《星际迷航》中史波克博士和他的瓦肯族人的家乡。它绕着距离我们 16 光年且确实存在的恒星波江 40A 旋转。

然后还有普隆克星球，马克·哈登那本有趣的小说《砰！》里的奇遇就发生在这颗奇怪的行星上。它似乎位于人马座的椭圆星系中，距离这里差不多有 7 万光年。在这些地方，居民们惊呼“gridzbi spudvetch！”，但没人知道这是什么意思。

还有居住着蓝色纳美人的潘多拉星，电影《阿凡达》中故事发生的行星。

还有，还有，还有……

方法问题

不过，通过适当的工具，找到一些太阳系外行星并不是那么困难。主要方法有两种，这两种情况都是针对更容易找到的恒星，而不是行星。

第一种是用**光谱法**（或视向速度法）观测恒星的运动，因为所有行星（甚至地球）都与其主恒星相互吸引。因此，行星的存在会导致恒星“摆动”，即使极为微小。适当的望远镜可以感知到恒星的这一位移，从而识别出围绕其旋转的一颗行星（或所有行星）。当然，我们所谈论的测量需要极为精确，因而其困难程度难以想象。

第二种是**光度测量法**（或凌星法），用来观察恒星的光线是否随时间变化。你可以想象一个点亮的灯泡，它发出一定量的光。很明显，如果我把一个物体挡在它前面，光线就会变少，就像撑了一把沙滩伞一样。那么再想象一个像港口灯塔里的灯一样的巨大灯泡……想象一只小飞虫在它前面飞来飞去。嗯，显然什么都没有发生，但是一台非常敏感的仪器能记录下这个光线减少的最小值（非常非常小！）。当一颗行星从它的恒星前面经过时，也会发生同样的事情。

简而言之，使用这些方法，近年来我们已经在靠近**太阳的恒星周围发现了4000 多颗行星**，而且这个数字仍在不断增长。通过这种方式，我们意识到了一件惊人的事情：宇宙中几乎所有的恒星都至少拥有一颗行星围绕着它旋转！

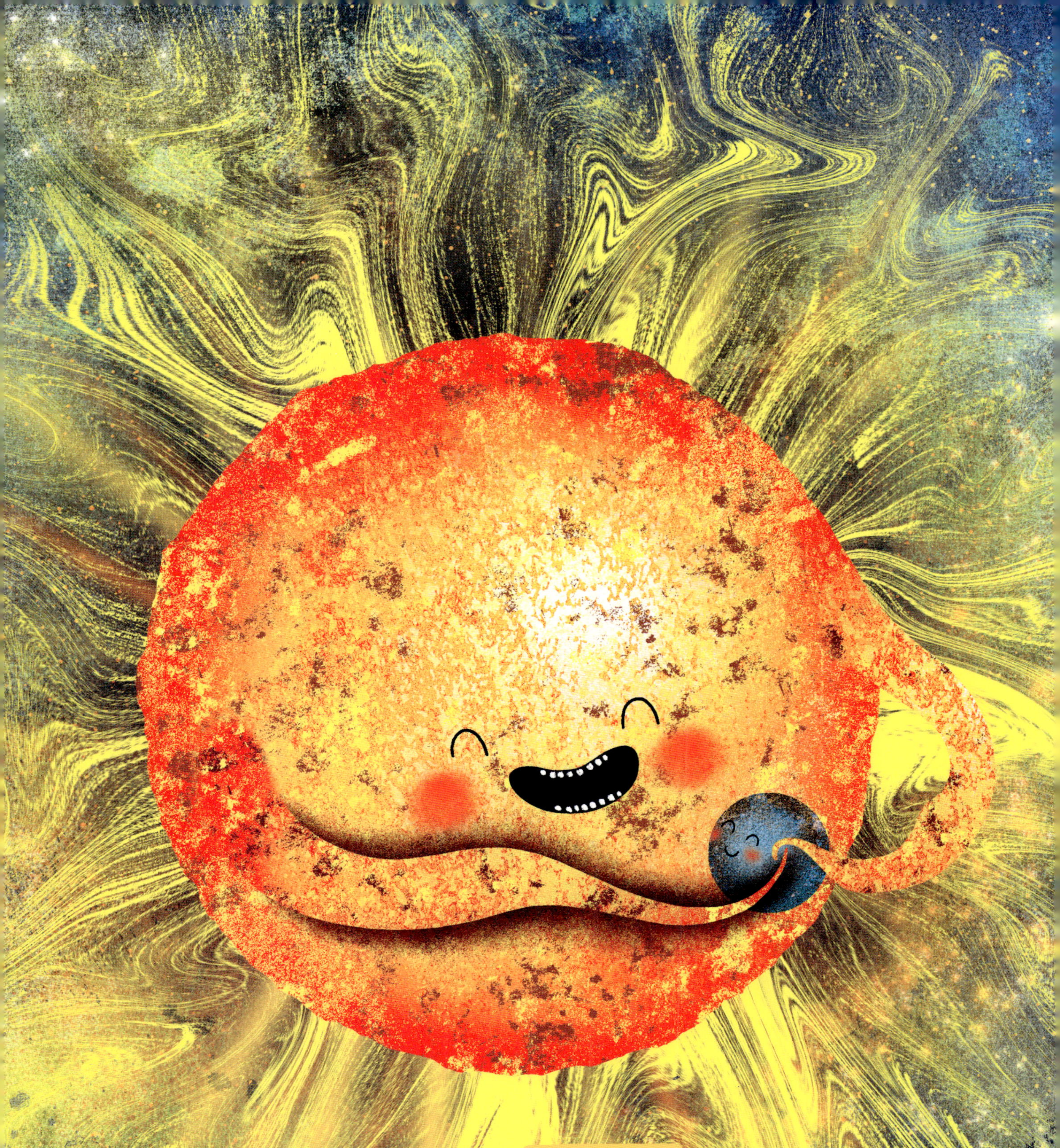

小测验

在夜晚，用肉眼观察天空，恒星和行星看起来似乎是一样的……是谁发现它们其实迥然不同的呢？

a. 伽利略 · 伽利莱

b. 巴比伦人

c. 希腊人阿那克西曼德

原始汤

有一个问题我们尚未找到完整的答案：**地球上的生命是如何开始的？**

我们认为生命需要**一些基本成分**：能量、碳基复杂分子、氢和氧，以及液态水。虽然我们不知道生命的确切配方，但我们可以问问自己，除了地球，宇宙中还有什么地方可以找到这些成分。天体物理学家的结论是，我们可以在每颗恒星周围的某个区域找到它们，他们称之为**宜居带**。如果一颗行星在其恒星的宜居带内运行，它可能既不太热也不太冷，因此它有液态水和生命出现的条件。但可能性并不意味着确定性！为此，我们只能研究恒星宜居带中的众多行星，希望能找到生命可以真正存在的地方。

各种元素开始相互作用的那一时刻的状态被称为**原始汤**，既有点像祖母烹制的菜肴，又有点像科学家的灵感。

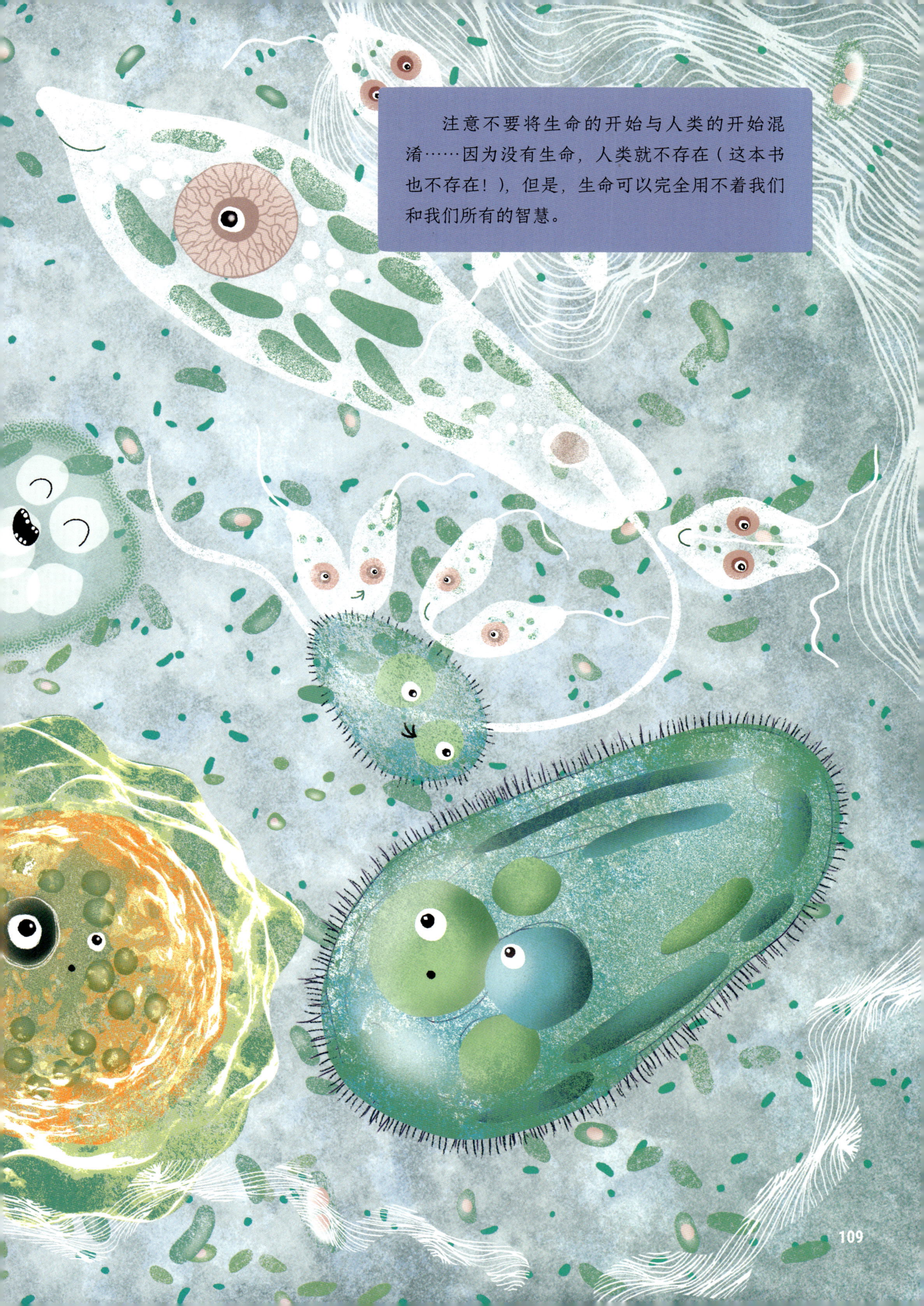

注意不要将生命的开始与人类的开始混淆……因为没有生命，人类就不存在（这本书也不存在！），但是，生命可以完全用不着我们和我们所有的智慧。

来自太空的生命

2014 年，由欧洲航天局设计的“罗塞塔号”探测器着陆在 67P/ 丘留莫夫 - 格拉西缅科彗星上。它登陆了，或者我应该说它登彗了。

通过分析探测器传输的数据，科学家们注意到彗核中有**微量的有机化合物、碳和氧**。所有这些都是生命所必需的。他们假设——一个非常有趣的假设——这些元素存在于星际空间，然后被困在形成我们太阳系的**原始星云**中。

根据这个理论，这些化合物被困在彗星和陨星中，然后相互作用并冷却下来，而当它们撞上像地球这样的岩质行星时，就会被释放出来。

小测验

乔托在帕多瓦的斯克罗维尼礼拜堂里的壁画中画了一颗漂亮的彗星。那是哪颗彗星？

a. 海尔 - 波普彗星

b. 百武彗星

c. 哈雷彗星

宇宙中有生命吗？

宇宙中肯定有生命，因为地球上有生命！然而，就目前而言，我们星球上的生命是我们所知道的唯一生命。

别的地方还有吗？在我们的太阳系中，可能性并不大。看起来最像地球的行星——火星，实际上是**一片荒漠，环境恶劣**——温度极低、辐射有害、大气稀薄。而金星则相反，它比高压锅里面还热还闷。理论上，抵抗力超强的微生物才能在这两颗接近我们的行星上生存。**在木星和土星的某些卫星的冰面下的水中**也可能有微生物。事实上，科学家们正试图弄清楚太阳系中是否真的存在微观生命，在未来的几年里，我们应该就能知道这一点了。

那么，在太阳系之外有生命吗？这个话题变得更加有意思了。事实上，我们认为其他恒星周围的数十亿颗行星可能具备适合生命存在的条件。在未来的几年里，我们将利用望远镜仔细研究其中一些行星，看看它们的大气层是否含有一些由植物和动物产生的气体，**比如氧气和甲烷**，以了解是否真的有生命存在。谁知道呢，也许有一天我们会接收到另一个文明的无线电广播！

天文学家、科幻作家卡尔·萨根曾经对那些问他地球之外是否还有生命存在的人说过，宇宙是一个相当广阔的地方，如果只有我们在里面的话，那将是空间的巨大浪费。

想象一个火星人

生活在2500年前的古希腊的哲学家阿那克萨戈拉是第一个假设宇宙中其他地方存在生命的人。他的想象力只是飞到了月球上，并没有走得很远，但当时的人们认为月球是有灵性的，并不是每个人都很高兴听到他简单地将其定义为一堆岩石。

在他之后，许多富有想象力的思想家讲述了通往月球的冒险之旅：萨摩萨塔的琉善，他也是一位古希腊作家；伟大的诗人但丁，他的诗篇甚至提到了水星和土星；阿里奥斯托派阿斯托尔福骑士在月球上找回了疯狂的罗兰失去的理智……明希豪森男爵也想象过，西哈诺·德·贝尔热拉克也是，他们是现实中的男爵和西哈诺，而不是小说家们受他们的启发在小说《吹牛大王历险记》和《大鼻子情圣》中塑造的人物……

还有不用去找就悄悄地来到了我们中间的那些外星人。但其实没有那么多。那是1938年10月30日，就在万圣节的前一天，也许这不是巧合。那年，23岁的美国演员兼导演奥森·韦尔斯在广播电台朗诵伟大小说中的台词。那天晚上安排的是赫伯特·乔治·威尔斯的科幻小说《星际大战》。他朗读得如此逼真，以至于很多听众相信外星人真的入侵了，从而引发了恐慌。

AEFLOF
SUSY

太 阳

与许多其他恒星相比，我们的太阳并不是一颗意义非凡的恒星，但毫无疑问，如果没有它，地球上的生命将不可能存在（老实说，连一颗行星也不会有！），所以我们也不会存在，也不会有人写这本书了。所以，让我们紧紧抓住它，我们美丽的太阳！

就像地球绕着太阳转，月球绕着地球转一样，太阳也绕着相距约 26 000 光年的银河系中心旋转，周期称为“**银河年**”，长度为 2.3 亿年。自它存在以来，太阳已经转了 20 圈，所以，从银河系的角度讲，可以说它已经 20 岁了，尽管它诞生于 45 亿太阳年前。

地球上最早的生命形式是在太阳完成第 5 圈的时候出现的，而人类（所有人，从穴居人到卡米拉阿姨）到目前为止，只完成了最近的这一圈的一小段。

太阳在它的轨道上以**每秒 200 多千米**的速度运动，但仍然只是光速的 1/1500。地球 24 小时自转一圈，月球 27.3 天自转一圈，太阳绕轴自转需要约 27 天。这意味着太阳也有自己的北极和南极，不过，没有结冰，它的表面平均温度大约是 5500 摄氏度！

谁知道是谁决定了“太阳”这个词是阳性的，“月亮”这个词是阴性的……但总的来说，它们一个是阳性的，一个是阴性的，这样挺好。可能德国人也是这样认为的，只不过在德语中，月亮（der Mond）是阳性的，太阳（die Sonne）是阴性的。

小测验

日食的时候发生了什么？

a. 太阳位于地球和月球之间

b. 月球位于地球和太阳之间

c. 地球位于太阳和月球之间

关于太阳的三个问题

它会何时以及如何熄灭？

大约50亿年后，太阳将没有足够的氢原子用于燃烧，它将迅速膨胀为一颗**红巨星**，大到足以吞噬水星、金星，甚至地球。这一阶段将持续大约10亿年，但最终太阳的几乎所有的物质将向外扩散，形成**行星状星云**，其中心将只剩下一颗小而致密的**白矮星**。

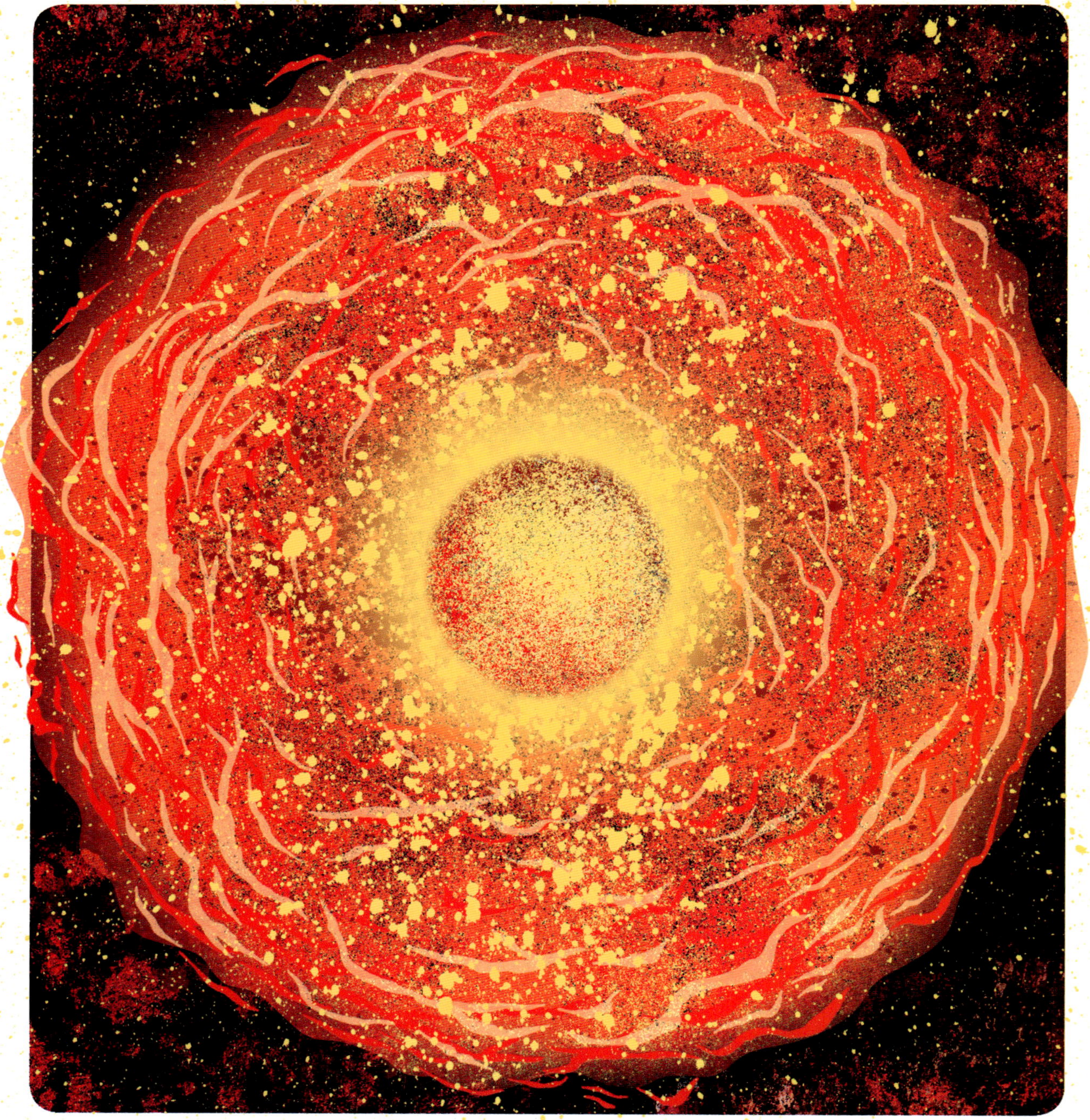

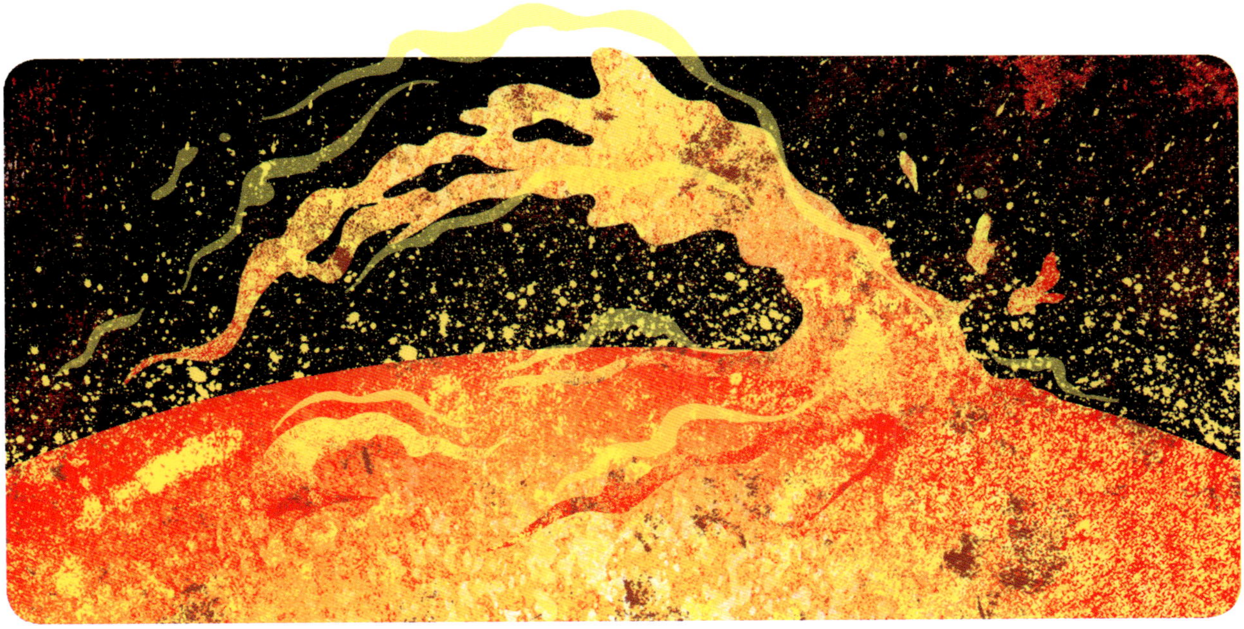

燃烧需要氧气，而太阳上没有氧气，那么太阳是如何燃烧的？

事实上，太阳**不是一个火球**，所以与氧气无关！太阳是由物理学家称之为**等离子体**的物质构成的，即带电粒子气体（就太阳而言，尤其是质子和电子）。你见过霓虹灯吗？那里面就有一个白炽等离子体！在太阳中，其中心产生能量的核聚变反应让等离子体发光。

为什么是太阳而不是另一颗恒星？

没有真正的原因。我们认为宇宙中的很多恒星可能都有类似地球的宜居行星，如果有人在那里，他们也会想为什么是那颗恒星而不是另一颗。**有时事情就是这样偶然发生了！**

《我的太阳》

也许不像献给月亮的歌曲有那么多，但献给太阳的歌曲肯定也不在少数。其中有一首绝对是最著名的歌曲之一，尤其是意大利和那不勒斯的象征。然而，并非一切都发生在维苏威火山之下……

这些著名的歌词是那不勒斯诗人乔瓦尼·卡普罗创作的，他在写作一句句副歌的间隙还在为城市报纸撰写文章。“哦，我的太阳，它就在你面前……”这似乎是一段有趣的文字。他原本是想参加**一场音乐比赛**，以令人满意的胜利来提高一下收入。不过，歌词不能没有音乐，于是卡普罗想请爱德华多·迪卡普阿作曲，他也是一个地道的那不勒斯人，但他当时并不在那不勒斯。事实上，他那时在敖德萨，虽然也在海边，但是在黑海，地平线上没有卡普里岛，空气中没有比萨的味道，附近也没有火山。

在乌克兰想着那不勒斯的阳光，即使是在水疗中心，即使离大海只有一步之遥，也会令人发笑。这就是《我的太阳》没有赢得比赛，仅仅体面地排在第二名的原因吗？但那首排名第一的歌曲甚至不再有人记得了……

几十年后，作曲家兼歌唱家卢西奥·巴蒂斯蒂创作了《**太阳之歌**》，太棒了！如果这首歌在某个时刻唱出“黑海，黑海，黑……”那会不会是一个巧合？难道他没有想过自己也去黑海的敖德萨转一圈？

一天的长度

我们知道，日历和时钟是依据天文学标记时间的：一个太阳年是地球围绕太阳公转一周所需的时间。尽管表面上看好像是太阳绕着我们从一个黎明到另一个黎明地转着，但其实每天的长度——地球自转一周的时间——也是依据太阳来的。我们都知道一天、一分钟或一年有多长……然而，情况并非总是如此，因为**天体之间的距离会发生变化**，自转时间也会随之改变，于是天的时长会改变，公转时间也会改变，因此年的时长也会改变。

每一年，月球与我们的距离会拉开 3 厘米多一点，地球跟太阳的距离会拉开 1.5 厘米，这在人类生活中是难以察觉的，但是如果我们乘以数千年或数百万年，那么**厘米将变成千米**，这变化就凸显出来了。

例如，7000 万年前，尽管每天的时间要短一点儿，但一年的长度要比现在多一个星期。很多手表都会乱套的！那个时候的**一个小时差不多是 58 分钟**，一场足球赛将在第 88 分钟结束，连一分钟也不会延长。也许这就是为什么 7000 万年前没有欧洲杯的原因吧……

从太空往下到地球

要想在太空和宇宙中漫步可能有点复杂，那么你可以从地球上的旅行开始。通过这种方式，你不仅可以看到美好的事物，获得有趣的邂逅，还可以在地球上绕着太阳转一圈。也算是在太阳系中有一段星系之旅啦。实际上，在读这本书的时候，我们就已经在太空旅行了！

此外，在地球上就有各种充满太空意味的地方……

巨石阵

在英格兰南部威尔特郡的埃夫伯里附近，有著名的新石器时代巨石阵——意为“**悬空的石头**”，看到它你就能明白为什么这么说了。解释它的文献并不多，但最广为人们接受的说法是它是一个古老的天文观测台。

比　萨

传说伽利略曾爬上这个著名的斜塔顶端，从那里让**两个不同重量的物体**落下，通过证明它们以相同的速度下落，从而驳斥了亚里士多德的理论。不管这是不是传说，这个理论都是正确的，再说了，去比萨旅行总是一个好主意。

卡纳维拉尔角

儒勒·凡尔纳在 1865 年写他那部著名小说《从地球到月球》时，选择了从充满异国情调的**佛罗里达州**发射太空炮弹。当美国航空航天局（NASA）建造发射太空火箭的基地时，正是选择了佛罗里达州，并在卡纳维拉尔角发射了“土星 5 号”运载火箭，将“阿波罗 11 号”宇宙飞船送到月球上，这一次可是真的，在小说出版 104 年后的 1969 年。

帕拉纳尔天文台

帕拉纳尔天文台坐落在智利安第斯山脉，位于阿塔卡马沙漠中。在海拔 2600 米的山上，甚大望远镜就在这里。除了远离明亮的城市，选择这个地方还是因为这里的**气候极为干燥**，可以看到超乎想象的天空景象。

拜科努尔

这个位于哈萨克斯坦的城市以航天发射场而闻名。1961 年 4 月 12 日上午，宇航员**尤里·加加林**乘坐“东方 1 号”宇宙飞船起航，成为绕地球轨道飞行的第一人。

乌拉尼亚堡

在瑞典南部，16 世纪属于丹麦王国的汶岛上，天文学家**第谷·布拉赫**建造了一座天文台，将其献给掌管天文学的缪斯女神——乌拉尼亚。在它旁边，他还建造了他的地下天文台——斯特耶内堡，意为星辰宫。

宇宙电影院

如果你觉得旅行得花费太多时间，而又急于体验一点太空冒险，那么总有一本好书或一部好电影适合你。最受欢迎的演员不就是被称为电影“明星”吗？

比尔·布赖森的《万物简史》

从大爆炸到著名的科学家，你都可以在书页中找到，再加上化学、人类学、古生物学方面的知识，作者有一种讲故事的强烈愿望。这本书关于历史，关于科学，读起来又像小说，深入浅出。

《星际穿越》

这部电影讲述了在地球变得无法居住之后，宇航员通过穿越**时空虫洞**，寻找新家园的故事。为了让你更好地看电影，就不再透露更多信息了。

《火星救援》

故事发生在一颗火红色的行星上（看电影名就知道了），一名宇航员试图在那里生存下来，并想方设法返回地球。

《2001 太空漫游》

这是一部超级经典的科幻电影，是它让科幻电影变得好看又真实起来。在那之前，科幻电影大多带点喜剧色彩……这部电影拍摄于 1968 年，刚好在太空时代的鼎盛时期，也就是**在人类第一次踏上月球的前一年**。它真是一座里程碑。

《超时空接触》

如果你对**外星人**感兴趣，这就是你要找的电影。别说我没告诉你哟。这部电影的导演也执导了“回到未来”系列电影，如果你有一个下午的空闲时间，你也可以看那部，或者干脆看完整个三部曲。

别忘了再弄点儿爆米花！

千年，不再是千年

科学家们曾经研究过，并且正在研究万事万物是如何开始的，但也有许多人——科学家以及不是科学家的人——想知道并被问及这一切将如何结束，尤其是什么时候结束，并时常会引发某种担忧。

确切的词是“**末世论**”，意为“关于最后之事的学说”。唉……人类历史中不乏末世论者，不过从未有人猜中。

关于世界末日和时间终结的讨论，存在于所有文化中，因为人类对于世界将如何结束的好奇心是与生俱来的。据说，那个著名的短语“**千年，不再是千年**”意味着在 1000 年之后一切均将消失……而事实上，我们不仅都还在这里，而且似乎这个传说是在 1000 年过去之后，也就是人类已经逃离了危险之后才出现的。

有一个世界末日本应发生在 1836 年 6 月 18 日，我不知道具体是在哪一时刻，也许正是因为这个原因它才没发生吧：不是每个人都可以在他想要的那个时间结束这个世界，你说是吗？然后还有时区问题……

根据**预言家诺查丹玛斯**的说法，世界末日定于 1999 年，这是一个非常有意思的数字，但什么都没有发生。

有一个好玩儿的世界末日是在 2008 年 9 月 10 日，7 点 6 分 5.4 秒，把这些数字放在一起就是：10、9、8、7、6、5……这是个令人不寒而栗的倒计时，你不觉得吗？但在倒计时为零时，并没发生什么大事。

最近的世界末日是来自**玛雅预言书**的 2012 年 12 月 21 日，但那时也什么都没有发生。

下一个世界末日预计在 2060 年到来，根据一种奇怪的计算方法，把故事记载中的 1260 天变成了年，从查理大帝加冕的公元 800 年算起。让我们拭目以待吧。

世界末日

世界终结的方式可以有很多种，尽管它们都在遥远的未来，我们不必担心。

例如，地球随时都可能会被**一颗大到足以造成巨大破坏的小行星**撞击。6500万年前的那次撞击差点儿令地球上所有的生命灭绝，恐龙就灭绝了。但像这样的事件极为罕见，不太可能导致地球的彻底毁灭。如果地球消失，那将是因为太阳会变成一颗**红巨星**，将吞噬太阳系最里面的行星，并对其他行星极度加热。不过，**这只会在几十亿年后**发生。当太阳变成一颗被称为白矮星的冰冷小恒星时，地球可能就不再存在了。

从更广阔的角度来看，宇宙很可能会**永远继续膨胀**。所有现有的恒星都会慢慢熄灭，不会有新的恒星诞生。有些可能会继续发光十万亿年，但最终整个宇宙中将没有一丝光亮。生活在此刻是多么美好啊，不是吗？

未来已来

我们因对科学的好奇心，将目光转向如此遥远的地方，其实时不时会使一些更具体的想法落地，你根本想不到一些如今看来非常普通的物品，会是来自如此遥远的地方……

例如，**防刮镜片**是航空航天研究的衍生产品。在医院里挽救众多生命的磁共振成像是专为太空设计的设备的医学延伸。你的**运动鞋的鞋底**可能就是由专为太空设计的材料制成的。水净化系统、气体或烟雾泄漏报警系统源自空间研究。红外测温仪和隐形树脂牙套也来自太空。你的记忆床垫或枕头同样来自那里。你从来没有想过吧，其实我们每天都过着一些宇航员般的生活……

据估计，自 1969 年人类首次在月球上行走的阿波罗号任务 30 年后，地球上相关技术的收益已经远远超过当时花费的两倍了。至今，已有 50 多年过去了，也许我们将继续从这项事业中受益。

昨天、今天和明天表示过去、现在和未来，但实际上，如果没有其他两个，它们哪一个都不会存在。例如，昨天是今天的一天之前，是明天的两天之前。明天是今天的一天之后，是昨天的两天之后。然而，今天是每一天。

未来将会怎样

在这本书中，你可能已经找到了很多答案，但我们相信你仍然有很多问题。的确，我们希望这本书能引起你新的好奇心和新的思考。这很正常！科学永远不会停止追寻，一旦一个问题得到解决，就会立即遇到另一个问题。

我们经常在找到答案时，才意识到还有一个我们没想到的新问题，那是因为我们知道的还不够多。**重要的是始终保持好奇心**。简而言之，关于宇宙还有很多东西有待发现，还有很多事情有待探究。有一些是你已经看到的，比如：什么是暗物质？地外生命存在吗？大爆炸之前有什么？黑洞里面是什么？我们正在努力回答这些问题，也许几年后你可以帮到我们！当然，**还有很多问题等着我们去追寻**。你想到了什么吗？

A
B
C

小测验答案

第 5 页 – 答案 b

■ 大犬座矮星系是已知的离银河系最近的星系，距离太阳系约 2.5 万光年，距离银河系中心约 4.2 万光年。该星系 2003 年才被天文学家发现。

第 11 页 – 答案 a

■ 是毕达哥拉斯，也就是“毕达哥拉斯定理（勾股定理）”和“毕达哥拉斯表（乘法表）”名称中的那个毕达哥拉斯。他揭示了金星是日落时分在天空中闪耀的第一颗行星，也是清晨最后一颗消失的行星。

第 15 页 – 答案 c

■ 这个词源自希腊语 chrónos，意思是“时间”，指称事件连续不断地发生的这个词是“年代学”。

第 21 页 – 答案 c

■ 波兰天文学家尼古拉·哥白尼在望远镜发明之前就去世了。不过最重要的是，尽管技术匮乏，但他的直觉彻底改变了人们对世界的看法。

第 27 页 – 答案 a

■ VLT 代表甚大望远镜（Very Large Telescope），它真的很大，实际上它是由 4 个直径超过 8 米的望远镜和 4 个略小的望远镜共同构成的一个系统。它位于海拔 2600 米的帕拉纳尔山上，选择这个地区是因为这里的气候特别干燥。

第 31 页 – 答案 b

■ 超级色彩并不存在（实际上，每种颜色都可以称为“超级色彩”，你不觉得吗？）。紫外线（意大利语 ultravioletto 有“超紫”的意思）超出紫光的范围，红外线（意大利语 infrarosso 有“红光之外”的意思）则在红光外边。这两个词本身就带有“超过”的意思。

第 35 页 – 答案 c

■ 英仙座流星群是著名的“下坠的星星”，在夏夜能见，即在 8 月 10 日的圣劳伦斯之夜前后。虽然它们被称为“星星”，却不是恒星，而是流星，它们是一颗彗星留在后面的抛出物，地球正好经过其中。当流星进入地球大气层，与大气相遇便会燃烧并发出绚丽的光芒。

第 39 页 – 答案 b

■ 太阳距离地球 1.5 亿千米，如果以光速每秒 30 万千米的速度计算，所需时间大约就是 8 分钟 20 秒，确切地说是 500 秒。

第 45 页 – 答案 c

■ 1951 年 3 月 14 日，阿尔伯特 · 爱因斯坦庆祝了他的 72 岁生日。因他是一个名人，故而吸引了众多报纸和杂志的兴趣，但他在那一整天拍了很多张照片，为了表示已经够多了，他做了那个家喻户晓的表情。

第 49 页 – 答案 a

■ 古罗马共和国执政官盖乌斯 · 尤利乌斯 · 恺撒出生于公元前 100 年左右，距离今天已经 2100 多年了。从科幻的角度来说，如果与他同龄的地外双胞胎住在离我们 2100 多光年远的星球上，你可以在他还是个婴儿的时候看到他。

第 53 页 – 答案 c

■ 从地球算起，距离太阳最近的恒星，也被称为“下一颗恒星”：半人马座比邻星。以今天的宇宙飞船来计，需要 15 万年的时间才能到达！你最好带上几本书消磨时间……

第 57 页 – 答案 c

■ 关于宇宙起源的理论，我们后来都知道它被称作“大爆炸宇宙论”，比利时科学家乔治 · 勒梅特称其为“原始原子”，这是一个不那么爆炸性的名称，但同样令人浮想联翩。

第 61 页 – 答案 b

■ 拉丁语单词 universitas 可以指致力于同一学科研究工作的一群人，他们如今在大学里研究、教授、学习这门学科。

第 67 页 - 答案 a

■ 在月球可见表面的右上角，有一个直径超过 80 千米的环形山，天文学家将其命名为“哈勃”。还有天文学家把 1955 年发现的 2069 号小行星也献给了他们的这位杰出的同事。

第 71 页 - 答案 b

■ 实际上，托马斯·爱迪生并没有发明电灯，但他是致力于实现这个想法的人之一，最重要的是，他让这一研究发挥了最大的作用。1880 年 1 月，他为白炽电灯申请了专利。

第 79 页 - 答案 c

■ 根据传说，在 1889 年 6 月，玛格丽塔女王访问那不勒斯。为了向她表示敬意，比萨店老板拉斐尔·埃斯波西托制作了一款非常简单的比萨饼，用番茄、马苏里拉奶酪和一些罗勒叶，呈现了意大利国旗的颜色。他将这款比萨饼以她的名字命名：玛格丽塔比萨饼！

第 99 页 - 答案 c

■ 在世界上各种各样的旗帜上，有许多星星、月亮和太阳的图案，但恒星（就像在我们的天空中一样）绝对是大多数。光是美国国旗上就有 50 颗星……

第 107 页 - 答案 b

■ 巴比伦天文学家注意到，在天空中相对固定、一起移动的众多星星中，有一些是沿其固有轨道运行的，比如：水星、金星、火星、木星和土星。

第 111 页 - 答案 c

■ 乔托于 14 世纪初在斯克罗维尼礼拜堂绘制壁画。1301 年，哈雷彗星过近日点，这位画家很可能刚好仔细观察到了这一现象，于是在自己要实现的作品中展现了所获得的灵感。

第 117 页 - 答案 b

■ 当月球处于太阳和地球之间的中间位置时，即使在白天，地球上的某个地方也会有一段时间处于黑暗之中，这是因为我们的这颗卫星阻碍了光线通过。

术语表

■ **天体物理学**这个词结合了**天体**（指恒星、行星、卫星、流星体，以及更广泛地说在地球之外的太空可观察到的任何自然物体），以及**物理学**（研究和描述自然现象的科学）两个词。因此，天体物理学是**天文学**的一部分，是一门研究宇宙、天体组成、天体机制及其起源的科学。

■ **能量**衡量做功的能力。阿尔伯特·爱因斯坦发现，**物质**和**能量**是等价的，从某种意义上说，两者可以相互转换。能量可以呈现各种形式（势能、动能、热能等），但不能被创造或毁灭：也就是说，总量保持不变。

■ 虽然**“科幻小说”**一词中包含了“科学”这个词，但科幻并不是科学。“科幻小说”是诞生于 19 世纪的一种叙事方式，其中的冒险情节或多或少结合了真实的科学技术与元素，以一种尚合情理的方式展开叙事。作家富有远见的想象力带给科学家灵感，并激发了科学家着手尝试的情况并不少见，这就使科幻元素少了那么一点幻想，而多了一点科学性。

■ **光子**是传递电磁辐射的粒子，也构成了光。它也被称为光量子。当然，光子以光速传播。因此，太阳光是真正的光子射线！

■ **星系**是一个被**引力**聚集在一起的数百亿或数千亿颗**恒星**组成的系统。绝大多数恒星可能也都有自己的**行星**系统。根据它们的形状可分为旋涡星系、椭圆星系、透镜状星系或不规则星系。**银河系**是一个大型旋涡星系，由一个核心和一个直径可达 10 万光年的圆盘组成。

■ **气体**是一种无定形的物质（既不是固体，也不是液体），因此没有固定的体积。每种物质的状态取决于压力和温度。例如，在地球大气压力下，水在 0°C 以下变成冰，在 100°C 以上变成蒸汽（即气体）。然而，要使氦变成液态，必须将温度降至 -260°C 以下。除了固态、液态和气态外，还有**等离子体态**，一种含有带电粒子的气体。

■ 以 K 表示的**开尔文温标**是一种计量温度的方法，如同摄氏温度（°C）和华氏温度（°F）。它可达到的最低温度，也就是绝对零度，即 0K，对应 −273.15°C。温度为 8000 开尔文的恒星，如以摄氏度计算，将是 8000 减去 273.15，即 7726.85°C。

■ **物质**构成物体，指所有的物体，不仅仅是人体。物质不仅定义了太空中物体的物理特征，还定义了其形态。宇宙中存在的无法直接可见的物质被称为**暗物质**。

■ **星云**是由气体或尘埃组成的星际物质的云状天体。一些星云是新恒星形成的地方，而另一些则是恒星死亡的结果。有些星云更容易被看到，因为它们被它们内部恒星的光线照亮了，但也有暗星云，它们吸收光，因此看起来是黑暗的。著名的猎户座大星云位于猎户座，它也因此得名。

■ **粒子**是物质组成的微小部分之一。**基本粒子**不能被分成更小的部分，也不能由其他的基本粒子组成。

■ **相对论**这个词与阿尔伯特·爱因斯坦的名字一样出名，这个著名的理论与爱因斯坦紧密相连。相对论的基本原理是物理定律并不取决于观察者的所在地点（即**参考系**）。**引力**这个词也与一位著名的科学家有着千丝万缕的联系：艾萨克·牛顿，他首先提出了万有引力定律（据说，他的灵感来自一个从树上掉下来的苹果）。如今，**广义相对论**给出了关于引力的更好的描述。

■ 所有物质均在**空间**之中，因此它们具有位置和形状，并且彼此相隔一定距离。物理空间有三维，与整个宇宙重合，但空间也可以被描述为一个更狭窄的环境（一座城市、一座足球场、一颗行星）。空间通常与时间有关，有时候也可以用时间单位来描述距离的远近：我住在离这里一刻钟的地方，或者纽约到巴黎坐飞机需要 6 个小时……这一联系是由**速度**建立起来的，速度是行经的空间除以所需的时间。显然，地球也在空间之中，在意大利语中，首字母大写的 Spazio 指的是地球大气层之外的空间，即太空。也就是指那些宇航员的事情……

■ **频谱**是组成电磁波或声波的频率集合。可见光的光谱由人眼可识别的**颜色**组成，可将白光穿过三棱镜分解为红色、橙色、黄色、绿色、蓝色、靛蓝色和紫色而获得。电磁辐射的频谱还包括许多不可见的频率，例如红外线（在光谱上紧接于红光之前）、紫外线（位于紫光之后）、无线电波、X 射线和伽马射线。

■ **时间**是一个物理量值，它以给定的顺序描述相继发生的事件及其持续间隔。衡量它的方式可任意选择，但通常与自然周期有关。一天的长度是从一个黎明到下一个黎明，一年是按照自然的节奏地球围绕太阳绕整整一圈，而 1 小时为 60 分钟，1 分钟为 60 秒，则是人为的选择，因为数字 60 可以被 1、2、3、4、5、6、10、12、15、20、30 和 60 整除。还有天气（意大利语中的时间和天气都用 Tempo 一词表示），但那是另一回事了。

■ 人们对一些自然现象整体上做出的尽可能完善的描述可称为**理论**。它由一组旨在证明一个概念或描述一种现象的假设、定义和原理组成，其正确性已经通过反复观测、分析和实验得到检验。一个经过充分证明的、被认为是普遍正确的、表述良好的理论，有时会成为**定律**。情况会保持如此，直到有人找到了更好的描述方法。